JENNIFER MURZEAU

Jennifer Murzeau, née en 1984, est romancière et journaliste. Ses romans *Les Grimaces* (Léo Scheer, 2012), *Il bouge encore* (Robert Laffont, 2014) et *La Désobéissante* (Robert Laffont, 2017) évoquent les dérives de notre époque, l'aliénation et la liberté. Spécialiste des sujets environnementaux, elle publie en 2019 *La Vie dans les bois* aux éditions Allary.

LA VIE
DANS LES BOIS

JENNIFER MURZEAU

LA VIE
DANS LES BOIS

ALLARY ÉDITIONS

MIXTE
Papier issu de sources responsables
FSC® C003309
www.fsc.org

Pocket, une marque d'Univers Poche, est un éditeur qui s'engage pour la préservation de l'environnement et qui utilise du papier fabriqué à partir de bois provenant de forêts gérées de manière responsable.

ISBN : 978-2-266-30587-7
Dépôt légal : avril 2020

À ma grand-mère, Germaine.

À Nine et Manuel

« Si les talents dont nous sommes doués s'effondrent devant les tâches de la vie, s'ils se dessèchent ou s'ils se déchaînent, nous n'avons à nous en prendre qu'à notre fuite par rapport à la nature, à l'âge d'or de nos ancêtres les plus reculés (celui-ci ne revenant que dans nos rêves). Cette fuite conduit à supprimer tout naturel et engendre une hyper-civilisation qui tyrannise l'âme. »

Carl Gustav JUNG*

---

* *C. G. Jung parle*, Paris, Buchet/Chastel, 1985, p. 45

Je suis née à Paris, d'un père publicitaire, d'une mère directrice marketing. J'ai grandi dans un environnement minéral, bétonné. La société de consommation était une évidence, la « nature » une lointaine cousine que j'aimais mais ne fréquentais qu'une fois par mois chez ma grand-mère paternelle ou pendant les vacances. J'étais un pur produit des années 1980. La question de l'écologie n'était pas un sujet, ni à table, ni dans le Caddie, ni dans l'avion. Mes parents n'étaient pas des idéologues, ils n'étaient pas de fervents défenseurs du néolibéralisme, mais ils avaient construit leur identité dans ses filets, gravi les échelons des entreprises en adoptant ses valeurs, ils en étaient imprégnés. Comme la plupart des gens. C'était la fable qui l'avait emporté sur toutes les autres, celle qu'ils se racontaient, consciemment ou pas. Le travail, les sous, les choses… Alors, c'était ma fable, aussi. Elle était intrinsèquement urbaine, incompatible avec la prise en considération du monde non-humain. Il se trouve que je me suis mise, en grandissant, à la trouver dissonante. Ses couacs m'ont fait quitter le salariat, après seulement deux ans entre ses bras sécurisants. C'était mon premier pas de côté, et vers l'écologie. Je ne le savais pas encore. Renoncer au confort d'un salaire fixe et constant engendre des conséquences immédiates. Le rapport à la consommation s'en trouve bouleversé. On ne dépense plus inconsidérément. On considère. Ainsi, par la force des choses, j'ai tourné le dos à la société de consommation. Et, coup de bol, j'ai découvert à quel point cela avait du sens à la faveur d'un documentaire, *Prêt à jeter*, de Cosima Dannoritzer. Ce film montre les rouages de l'obsolescence programmée et m'a fait l'effet d'un électrochoc. Notre société m'est apparue brutalement comme une mauvaise blague, un système incroyablement cynique et court-termiste. Ne plus pouvoir consommer à l'envi n'était plus une punition mais un engagement. Le doigt dans l'engrenage, j'ai continué de me renseigner, de fouiller nos sociétés. Romancière et journaliste indépendante, je le fais depuis près de quinze ans, et l'aveuglement de l'*Homo œconomicus* n'en finit pas de m'effarer. Il passe son temps à scier la branche sur laquelle il est assis, c'est fascinant. Alors même que nous sommes dans l'ère de l'information, et que nous savons. Tout le monde sait maintenant. Au début des années 1970, on nous a dit pour la première fois que nous connaissions une « crise environnementale ». Cela fait près de cinquante ans qu'on nous le répète, et des décennies que l'industrie du cinéma produit des dystopies à la *Mad Max*. Ça devrait commencer à rentrer. Et c'est rentré, en fait. C'est rentré et ça a pris la forme d'une ritournelle catastrophiste dont les mass media raffolent. Ouh ! le gros cyclone, ouh ! la grosse canicule, ouh ! la grosse extinction de masse. Vendre l'apocalypse demande moins d'efforts que penser la renaissance. Nous croulons sous les indicateurs d'un tournant extraordinairement meurtrier. L'ONU, la NASA, même le FMI l'admettent, nous avons saccagé ce dont nous dépendons et allons en payer le prix fort, nous pourrions même ne pas en réchapper si nous ne redressons pas la barre fissa. Les rapports accablants se suivent. On clique, on frissonne, et on passe au frisson suivant. S'est déployée une esthétique de la fin du monde qui laisse sans volonté, dont on ne sait quoi faire. Certains font pourtant. Ils entreprennent, donnent naissance chaque jour à des initiatives passionnantes, pragmatiques, à des systèmes plus sensés, plus soutenables qui ne demandent pas mieux que de se généraliser. Alors comment se fait-il que nous soyons conscients de la crise environnementale, de ses terrifiantes conséquences, que des initiatives pour la résoudre existent, et que nous prenions nos aises dans l'impasse ?

« Crise environnementale », « environnement »... Les termes trahissent à eux seuls le caractère fabuleux de notre rapport au monde. En parlant d'environnement, nous nous excluons *de facto*, nous nous plaçons au centre d'un espace qui nous est étranger, qui nous « environne », voilà tout. Et cette dichotomie semble autoriser toutes les incohérences, en les estompant. Comme si afficher des ambitions suffisait. C'est pratique. Les discours politiques sont si volontiers déconnectés du réel qu'ils indiquent bien la difficulté qu'a notre économie à s'inscrire dans un monde physique, sur lequel elle repose pourtant intégralement. Écologiste convaincue, je me désole de ces incohérences, j'en connais les conséquences et elles m'inquiètent. Pour autant, puis-je affirmer que je suis moi-même tout à fait cohérente ? Eh non. Bien sûr. Ma lucidité et ma bonne volonté ne font pas toujours le poids et ne vont pas sans un certain nombre d'arrangements avec ma conscience. Il est compliqué d'aller à contre-courant. Car le courant est très costaud, surtout dans une grande ville comme Paris. Alors je mange bio, local, peu carné, je ne prends l'avion qu'une fois tous les deux ans, je n'ai pas de voiture. Je me montre patte blanche, toujours un peu coupable. J'ai tourné le dos à la société de consommation. Mais il m'arrive de me retourner. Évidemment. Car je vis en son sein, car je suis soumise à ses codes, car je parle son langage. J'ai appris à ne plus prêter attention aux affiches, aux écrans publicitaires, aux pop-up qui surgissent sur mon ordinateur, à les bloquer mentalement. Mais ils sont toujours là, m'agressent, ont certainement encore un impact sur moi. La preuve, j'ai un iPhone. Je sais parfaitement les agissements d'Apple en matière d'obsolescence programmée ou de fiscalité. Et pourtant, je cède à la séduction de ses produits. Tout est question de dosage, me dis-je pour me rassurer, infligeant à ma conscience de savants calculs pour la ménager. Un iPhone mais pas de hamburgers. Ça n'a pas tellement de sens.

Et si cela manque tellement de sens, cela tient sans doute au fait que les écosystèmes que je cherche à préserver, cette « nature », sont une abstraction, ils sont inaccessibles à mes sens. D'ailleurs, la « nature » m'a toujours paru un concept un peu mièvre. Quand j'étais petite, je disais souvent que j'adorais la nature, tout en ressentant un petit pincement de honte tant le terme me semblait niais. C'était la vérité pourtant, j'adorais la nature. Mais qu'est-ce que la nature finalement ? Ce qui se situe en dehors du monde des humains ou juste ce qui est un peu vert ?

Mon engagement en faveur de l'écologie est purement intellectuel. Il est même un peu scolaire. Je connais la situation, je connais les « éco-gestes », je sais ce qu'est un bilan carbone. Je sais que nous en sommes au point où il devient impératif de protéger « la nature », pour nous protéger. J'adapte donc mes actes pour limiter mon « empreinte ». Bonne élève. Je tâche d'être vertueuse. John Stuart Mill n'y voit pas là de la vertu. Dans *La Nature*, il écrit : *Si par nature, on entend tout ce qui existe, l'homme compris, toutes les actions humaines sont naturelles, il n'y a pas lieu de différencier les bonnes des mauvaises actions. Comment reprocher alors aux hommes les déprédations qu'ils commettent dans la nature ?*

Mais peut-être la résolution de la crise écologique ne réside-t-elle pas dans la « protection » de l'environnement mais plutôt dans la faculté à se concevoir en son sein, comme un élément parmi d'autres. Le respect et la protection devraient en découler naturellement, sans paternalisme, sans domination. Les résistances sociétales vis-à-vis de l'écologie tiennent certainement à cette déconnexion fondamentale. Ce blocage que j'observe depuis des années et qui me fait trépigner d'impatience lorsque je considère toutes les solutions qui existent déjà vient de là. « L'environnement », dans la fable qu'on se raconte, est une sorte d'entité culpabilisante, une externalité pénible qu'il faut gérer, alors que la vie est déjà-assez-compliquée-comme-ça-merci. On dit que le propre de l'homme est d'avoir conscience de son existence. Notons qu'il est cocasse que cette singularité s'exerce au détriment de la conscience de l'existence du reste du monde.

On n'a absolument pas en tête que *nous sommes* l'environnement.

Notre cerveau rationnel est constamment mobilisé, mais échoue manifestement à bien prendre la mesure de ce qui se jouera dans les années qui viennent. Comment réussir à ressentir notre inclusion dans ce qui nous dépasse : une espèce de grand Tout qui n'a rien de mystique, qui est au contraire on ne peut plus physique ? Il nous faut de l'expérientiel, il faut éprouver ce lien avec ce qui nous fait vivre. Nous entretenons l'illusion d'une rupture, mais le continuum est implacable, et je veux le ressentir, le comprendre. Voilà pourquoi je suis dans ce TGV, de bon matin, en direction de la Charente.

Continuum, j'arrive.

Il me fallait un guide. Seule en pleine nature, je me donne quarante-huit heures avant d'avoir à craindre sérieusement pour ma vie – je compte large et sur le fait que je reste en France où la faune est relativement peu menaçante. Mais quarante-huit heures douloureuses. Je ne sais pas comment trouver de l'eau potable, je ne sais pas ce que je peux cueillir pour me nourrir, je ne sais pas où et comment dormir, je ne sais même pas faire un feu. Pense-t-on suffisamment à notre capacité à nous débrouiller loin du monde des humains ? S'y essayer est en tout cas la promesse d'un intimidant vertige et d'une leçon d'humilité pour la plupart d'entre nous. Tandis que je commençais à envisager sérieusement cette expédition, j'ai eu le loisir de mesurer mon écrasante incompétence. Je suis inapte. Si je dois vivre dans et de la nature, je deviens une extraordinaire godiche, ni plus ni moins. J'imagine mes gestes gourds en train de tailler un morceau de bois, parce que, *a priori*, ça se fait de tailler un morceau de bois quand on est dans la nature, sans but précis, avec en tête seulement quelques images de Tom Hanks dans *Seul au monde*. Je prévois les entailles profondes que je ne manquerai pas d'infliger à mes doigts malhabiles et pourtant si véloces sur un clavier d'ordinateur. Je redoute mes bras ballants et mon ventre vide, face à la beauté et à l'indifférence de ce qui m'environne. Je sais déjà que je ferai une excellente illustration du concept des « métiers incapacitants » développé par le philosophe Ivan Illich. Avec une prescience certaine, le philosophe épinglait dès les années 1970 la profusion de compétences potentiellement accessibles à tous (réparer, fabriquer, coudre…) mais qui, du fait de leur professionnalisation, ont été progressivement perdues par les individus. L'homme, dit Illich dans son essai *La Convivialité*, a besoin d'une technologie qui tire le meilleur parti de son énergie et de son imagination, et non d'une technologie qui l'asservisse et le programme. À l'époque, l'économie de service n'avait pas vraiment dit son dernier mot – elle avait même à peine commencé à parler – et Illich n'avait donc encore rien vu. Aujourd'hui, non seulement nous avons recours à des professionnels pour absolument tout, puisque la majorité d'entre nous ne sait plus repriser ses vêtements, égaliser ses cheveux, faire pousser ses légumes, réparer son lave-vaisselle, puisque réparer le phare d'une voiture est désormais la tâche d'un informaticien. Mais nous avons de surcroît dorénavant affaire à la technologie qui achève de nous assister dans la moindre tâche : allumer ou éteindre la lumière, attacher sa ceinture, se garer, penser à appeler Mamie pour son anniversaire… Nous sommes des êtres assistés (et donc asservis) comme nul autre et comme jamais. J'ai beau être critique, je sais bien que je ne fais pas exception à la règle. Parce que je baigne dans le monde et que, comme tout individu, je suis poreuse.

Enfin, incapacitée comme je suis, il me fallait un guide. L'époque me facilite la tâche. On a beau s'obstiner à foncer dans le mur en matière d'écologie, la prise de conscience n'en est pas moins frétillante et des individus s'agitent, s'inquiètent, anticipent. Parmi eux, les survivalistes. Né dans les années 1960 aux États-Unis, le courant survivaliste s'incarnait alors dans des mâles blancs pas très subtils qui, craignant l'invasion des communistes, la guerre nucléaire, et plus généralement l'apocalypse, ne juraient que par le repli sur soi, les gros flingues, les boîtes de conserve et les bunkers. La catastrophe écologique, les dérives du néolibéralisme ont donné un nouveau souffle au mouvement. L'effondrement de la civilisation est un risque plausible, pour ne pas dire inexorable. Nombre de chercheurs pas tellement fantaisistes ont démontré que notre système vorace était voué, pour de multiples raisons, à une fin brutale et proche. Dès 1972, le Club de Rome montrait déjà avec le rapport Meadows les limites de l'absence de limites dans laquelle l'humanité croyait pouvoir se vautrer. Ce rapport établissait que le capitalisme, avec son usage inconsidéré des ressources naturelles disponibles sur la planète, courait à sa perte, et que son effondrement adviendrait dans la première moitié du XXIe siècle. Notons que les modèles prédictifs du rapport ne prennent pas en compte le réchauffement climatique. Autant dire que notre situation est encore plus critique que ce qui était envisagé. Depuis une dizaine d'années, la collapsologie, discipline transversale, s'efforce d'étudier l'effondrement de la civilisation industrielle et de réfléchir aux façons d'en atténuer les effets autant que possible.

Dans ces circonstances, des survivalistes nouveaux sont apparus. Le mouvement est protéiforme, certains cherchant dans la survie en milieu naturel à retisser le lien perdu avec la nature, dans une quête d'harmonie, de connaissance et de solidarité entre les hommes et avec le vivant. D'autres sont plus cyniques, plus misanthropes et définitivement individualistes.

Hélas, nos temps troublés promettent un avenir fructueux au survivalisme. Il était donc prévisible qu'il devienne un... business. Voilà pourquoi je n'ai eu aucune peine à trouver des gens disposés, moyennant finance, à m'apprendre à survivre au milieu des arbres. Les stages sont souvent collectifs et très pragmatiques. Il s'agit d'ateliers se déroulant en général sur deux jours. Or je ne tenais pas du tout à enchaîner les exercices pratiques entourée de gens avec lesquels il m'aurait fallu parler. Je veux apprendre à me débrouiller dans la nature, mais je veux aussi du silence, et oublier autant que possible le social. Aussi, je cherchais un ou une guide qui pourrait, sans que je me ruine, m'emmener seule pendant huit jours, tout séjour plus long étant assez compliqué en ma qualité de mère de jeune enfant. J'ai trouvé François* avec qui j'ai rendez-vous ce matin.

François a un blog. Les survivalistes sont volontiers investis sur le Net et se connaissent alors souvent, au moins de noms et de récits. Car ils se racontent en ligne. Pas tout à fait en rupture avec la modernité donc, ils ont l'ADSL voire la fibre, et narrent leur rapport au monde, transmettent leurs compétences, versent parfois dans un catastrophisme sensationnaliste. Guère

* Le prénom du guide a été changé.

assidue et assez impatiente, j'ai survolé le blog de François, deux projets d'immersion ayant échoué pour incompatibilité de plannings avec les « moniteurs ». François m'a semblé compétent. Au téléphone, il a détaillé la liste des choses à prendre avec moi : rien. Sinon un sac de couchage et des vêtements chauds pour la montagne. Il me prêtera un hamac. La nature, dans son infinie bonté, est supposée nous fournir le reste.

Il est prévu que nous descendions la Charente pendant cinq jours, en canoë, dormant sur les petites îles qui se présenteront sur notre chemin. Inutile de partir à l'autre bout du monde pour faire l'expérience de la vie sauvage. François me l'a assuré, les bords de la Charente sont vierges de toute trace humaine et il est très peu probable que nous croisions un de nos semblables. Après quoi, nous interromprons brièvement la vie sauvage pour prendre la route des Pyrénées afin de découvrir la survie en milieu montagneux. Nous sommes au mois de juillet, mais François m'a prévenue, la dégringolade des températures en montagne est radicale lorsque la nuit tombe. Il n'est pas rare de perdre plus de vingt degrés et de connaître des nuits à 4 ou 5 °C. Je suis incapable d'imaginer ce que provoque une nuit à la belle étoile par 5 °C. Je verrai bien…

Je me perds dans la contemplation de la campagne française qui défile, horizontale, dans la brume du matin et me laisse aller à un calme inhabituel. Lancée à 300 km/h, je m'arrache à ma vie citadine, à mes responsabilités de maman, à mes angoisses, à mon agitation. Je veux croire que c'est une révélation intérieure qui m'attend, que je ne serai plus la même sur ces rails, en sens inverse, que je serai plus sage, plus détachée des vaines contingences, que je saurai faire du feu et la part des choses. J'ai l'intuition que m'immerger tout à fait dans un environnement sauvage me rendra une intelligence perdue, fera de moi un être plus avisé, un humain plus humain. J'ai la conviction que la vie moderne nous prive de bien des choses, nous anesthésie. Vigilante, j'ai toujours tâché de ne pas m'endormir. La contemplation de la nature m'était d'ailleurs d'un grand secours. En vivant loin des hommes pendant plus d'une semaine, j'espère m'éveiller tout à fait, et éprouver, enfin, cette appartenance à un grand Tout qui me dépasse autant qu'il me porte. Enfin, je suis plutôt lyrique en chemin vers l'inconnu.

Je descends en gare d'Angoulême. Une vieille femme embrasse l'amie qu'elle est venue chercher et l'informe qu'ils annoncent 29 °C cet après-midi. Rien de trop extrême. Pour autant, je crains de souffrir de la chaleur, à pagayer sous le soleil. D'une main je protège mes yeux de l'éblouissement et repère François de loin. Sa silhouette ne m'évoque rien de particulier. Il ne m'a pas encore vue et je l'observe attentivement pour essayer de deviner à qui je vais avoir affaire. Je ne suis jamais partie ainsi avec un inconnu, encore moins en pleine nature. Je n'étais pas si intrépide avant. J'ignore quel changement s'est opéré en moi ces derniers temps pour qu'il me semble aussi nécessaire et naturel de sortir de ma zone de confort. J'avance d'un pas tranquille, je ne suis pas inquiète, mais attentive néanmoins. J'avance sans la moindre émotion, ayant seulement à cœur de mobiliser mon instinct afin de déceler le danger si je juge l'homme suspect. Il est grand, porte un bermuda, des sortes de rangers, une barbe fournie, de longs cheveux bruns et le chapeau d'Indiana Jones. Arrivée à sa hauteur, je lui découvre de tout petits yeux noirs, un peu enfoncés et un regard plutôt fuyant. Son visage est en cuir. Sa peau tannée par le soleil, burinée par l'extérieur. Brune, elle est creusée de profonds sillons. Ma foi, je ne le juge pas menaçant, et monte à bord de sa voiture. C'est un vieil utilitaire cabossé dont le coffre est plein comme un œuf et dans l'habitacle duquel règne un certain chaos : des miettes, des cannes à pêche, des avis d'imposition, des K7 (!). Ce capharnaüm me le rend sympathique. En voiture, nous parcourons quelques dizaines de kilomètres, échangeant des propos consensuels sur l'état du monde, l'aveuglement des humains, les ravages de la société de consommation. Il est évident que nous partageons bien des opinions. Pour autant, quelque chose me déplaît chez lui. Une espèce de malaise qui le rend distant et inauthentique. C'est une impression très diffuse sur laquelle je ne m'attarde pas. Il me semble fréquentable pour une semaine. Les villes s'éloignent, laissent place à des villages, et nous atteignons l'un d'eux où François compte gonfler son canoë et embarquer. Nous garons la voiture dans une ruelle déserte qui débouche sur la départementale, déserte elle aussi. En contrebas de la route, de l'eau. La Charente. Lestés de nos sacs, nous descendons jusqu'à elle. Par un étroit escalier de pierre, nous accédons à une étendue d'herbe au milieu de laquelle trône une table de pique-nique. J'aide François à y déplier le canoë qui se trouve dans l'un des sacs. Une fois gonflé, il doit faire trois mètres de long. Il n'a rien d'un jouet gonflable et m'inspire la plus grande confiance. Il est kaki, semble robuste. « Laisse tomber, c'est la Rolls du canoë gonflable, me dit François, c'est tchèque. » Si c'est tchèque…

Deux planches de bois tiennent lieu d'assise, l'une derrière l'autre. Entre elles, nous chargeons nos deux sacs. François m'a dit que je n'aurai besoin de rien à part quelques vêtements, je l'ai pris au mot et n'ai emporté que le strict nécessaire. Quatre T-shirts, une polaire, un pull en laine, un K-way, chaussettes, sous-vêtements, sac de couchage. J'ai aussi de quoi me laver sans polluer. Mon savon et mon dentifrice sont végétaux et biodégradables. Et puis, j'ai acheté un petit couteau bien noté par les blogueurs survivalistes. Le moins cher que j'ai trouvé. Pour 40 euros, j'ai de quoi tailler du bois, et piquer un éventuel assaillant (la lame est un peu courte…). J'ai également emporté une gourde et une lampe frontale. Mais rien à manger.

— On part avec quoi alors ? demandé-je en chassant de la main une horde de moustiques qui me fait regretter vivement d'être partie sans répulsif.

— Couteau, duvet, bâches, hamac pour toi, trousse de premier secours, sac de farine, sac de riz, pompe à eau filtrante, quelques vêtements, popote, deux cuillères, canne à pêche, firesteel… C'est à peu près tout, je crois. On est partis ?

Cela fait bien longtemps que je n'ai pas pagayé, mais ça ne s'oublie pas. Ainsi, nous quittons la rive. La rivière glisse en tous sens, ses bras s'écartant à droite, à gauche. Sur ses rives, un entrelacs de vert s'étend, au pied d'augustes arbres centenaires. Un petit virage. Nous contournons ce qui doit être une île, laissons un pont de pierres derrière nous et, avec lui, la départementale qui passe dessus et les bruits humains. Quelques coups de pagaie suffisent à pénétrer dans ce qui me fait l'effet d'un monde parallèle, si proche du bitume et des machines agricoles. Désormais, les bruits sont ceux du clapotis de l'eau, du vent dans les feuillages. Un héron prend son envol depuis la basse branche d'un peuplier. J'entre dans un silence doux et organique. C'est si calme. Et ce calme si soudain. Je voudrais profiter de cette ambiance sonore. Parler me semble inadapté. Mais François n'est manifestement pas de cet avis. Sans délai, il me détaille les vertus des arbres et des végétaux qu'il identifie pour moi. Je mémorise notamment l'intérêt de l'écorce de bouleau, hautement inflammable, et de l'amadouvier, un champignon qui pousse sur les arbres morts et qui a, entre autres vertus, celle de se consumer très lentement, ce qui fait de lui un atout considérable lorsqu'on souhaite faire un feu. Les hommes préhistoriques récupéraient l'étincelle produite par la friction de roches dures grâce à l'amadou, qui en faisait une petite braise durable, et transportable. Cette histoire sur nos ancêtres me plaît bien et ancre l'amadou dans mon cerveau. Mais j'ai la bande passante saturée. J'ai conscience que je ne retiens pas le tiers de ce que me dit François. Car tandis qu'il parle, si je tâche d'être attentive, je ne veux pas perdre une miette de l'apaisant spectacle qui se déploie tout autour de moi. La nature est intouchée ici, c'est vrai. Elle fut pourtant rasée au XIXe siècle pour tracer des chemins de halage, ces voies navigables étant à l'époque essentielles. Quand les bateaux ont cessé de les emprunter, la nature s'est redéployée, sans la moindre peine semble-t-il. Il est difficile d'imaginer que ces rives furent plates, et vides. Autour de moi, les saules immenses pleurent sur la rivière, les peupliers se dressent et tanguent dans le vent, les ronces se répandent sans vergogne, le lierre court tranquille, le tout forme un harmonieux chaos, une profusion enivrante de vert. Les arbres, les plantes s'entrelacent et se succèdent sans discontinuer, seule la rivière les interrompt en passant parfois un bras entre eux. Avec la forêt, elle se mêle pour former un labyrinthe d'eau et de terre. Les chemins aquatiques sont innombrables et serpentent, plus ou moins étroits parmi les arbres. François me demande de tourner tantôt à droite, tantôt à gauche. Nous passons des écluses, sortes de mini-rapides où l'eau glisse soudainement bien plus vite. Le lieu me semble indéchiffrable au point que je me demande comment François peut être si sûr de son chemin. Tout est semblable et différent, le tracé de l'eau est anarchique. Nous avançons doucement, tournons pour emprunter un nouveau bras, puis un autre, puis un autre encore.

— Comment tu sais lorsqu'on doit tourner ?

— Je ne le sais pas. Je vois, en gros.

Même en gros, c'est admirable me dis-je, car moi qui sais très bien me situer dans l'espace en général, je serais incapable de dire à cet instant où est le nord où est le sud. Aucune idée. Je suis totalement désorientée. Je me demande si l'on peut se perdre ici. J'hésite à m'inquiéter de François qui nous fait suivre des courbes s'apparentant à des demi-tours. Mais je renonce. Ça m'avancerait à quoi ? Il faut lâcher prise, je n'ai pas le choix.

Il souhaite s'arrêter sur l'une des petites îles qui ponctuent les bras de la rivière. Nous accostons. Les moustiques aussi. François attache sommairement le canoë à une racine d'arbre avec une fine corde. L'île est une somme d'arbres plus ou moins hauts. Au sol, la terre, humide, des buissons d'orties, des fouillis de ronces. Je prends d'infinies précautions pour descendre du canoë sans faire un détour par le fond de la rivière. Je me méfie de moi-même, je me sais investie par une maladresse inhabituelle. Le syndrome de l'imposteur, peut-être, ou quelque chose d'approchant. Je ne suis pas tout à fait à ma place ici. Je suis heureuse d'y être mais je me perçois comme une invitée, pire, comme une touriste qu'on n'a pas encouragée à venir. Et je déteste l'idée d'être une touriste. Je vais donc m'employer à rester digne, malgré cette qualité maudite. Ça commence mal : François me demande de faire un feu. Cette requête ne déclenche en moi aucun réflexe, suscite vaguement quelques images que je m'emploie à reproduire. Parfaitement démunie, je marmonne que ça va pas être jojo et me mets en quête de menues branches que j'entreprends de disposer en mimant une science acquise de longue date, sans la moindre idée de ce que je suis en train de faire.

Les études s'accordent à établir que la taille moyenne du cerveau des *Homo sapiens* a diminué depuis l'époque où nous étions des fourrageurs, quand la survie en milieu naturel était notre quotidien. Nos lointains ancêtres ont dû développer des aptitudes, une connaissance de leur environnement et de leur propre corps, un sens de l'observation et une habileté exceptionnels avec lesquels les *sapiens* d'aujourd'hui ne peuvent rivaliser. Yuval Noah Harari souligne dans

Sapiens que l'avènement de l'agriculture et de l'industrie a permis aux humains de s'appuyer sur les compétences de leurs semblables pour survivre, ce qui a ouvert « des niches pour imbéciles ». On n'était plus obligé d'être habile ou malin pour survivre. On pouvait se reproduire tranquillement et transmettre nos gènes d'incompétents.

Une fois mon pathétique petit tas réalisé grâce à mon tout petit cerveau de *sapiens*, je lève les yeux vers François, qui me tend un briquet. Je m'en étonne. Je croyais que ce genre de tricheries n'était pas autorisé. Il rétorque qu'on apprendra à faire sans, mais qu'il faut y aller progressivement. Soit. J'attrape le briquet et entreprends d'embraser mon petit tas. Il ne se laisse pas faire et ignore superbement les ardeurs de la flamme, avec laquelle pourtant je commence pour ma part à me brûler. Piteuse, je regarde François qui m'explique alors les règles d'un feu : le triangle du feu. Il faut 3 C, Combustible, Comburant (l'oxygène), Chaleur. Il me manque un bon combustible. François me recommande de toujours chercher à exploiter ce dont je dispose. Peut-être ai-je sur moi un morceau de papier ? Je fouille mes poches et ne trouve qu'un morceau d'emballage en plastique. Je le montre en disant « ben non, j'ai rien ». François n'est pas d'accord, j'ai du pétrole entre les mains, un combustible redoutable, le plus redoutable de tous. Je sais bien que le plastique c'est du pétrole, lui dis-je, mais je ne pensais pas souhaitable d'en brûler. En survie, tout est ressource, m'oppose-t-il. Et la fin justifie les moyens. Je m'exécute. Mon petit bout de plastique, se tord, se rabougrit mais n'en finit pas de brûler. Je suis stupéfaite par le temps qu'il met à se consumer, observant ici la puissance du pétrole.

Toute civilisation est fondée sur l'énergie. Sans énergie, on ne peut rien. C'est physique, c'est ainsi. Tout est énergie. Mais on l'oublie. Car nous vivons dans une immense illusion : nous vivons dans un monde dont on a rendu abstrait ce qui en constitue les rouages. L'énergie fait partie de cette abstraction. Or, tandis que je regarde brûler mon petit morceau de pétrole, avec l'attention neuve qu'appelle l'immersion dans la nature, c'est toute cette réalité physique qui me saute au visage. Le pétrole que nous consommons à une vitesse folle depuis un siècle s'est formé en des millions d'années (entre 20 et 350 millions). Manifestement, ça ne nous impressionne pas plus que ça, puisque la consommation mondiale de pétrole s'élève à 97,4 millions de barils par jour*. Première source d'énergie dans le monde, le pétrole assure 95 % des transports et se trouve impliqué dans tout ce que nous consommons, la pétrochimie s'étant glissée sous forme de plastique dans nos machines à laver, nos pulls, nos chaussures ou nos meubles, et sous mille autres formes dans nos shampoings, nos routes, nos lessives ou nos légumes. Le moindre de nos mouvements, le moindre de nos désirs implique ainsi une dépense d'énergie considérable. Au cours de l'Histoire, et avant la récente découverte des énergies fossiles, les êtres humains ont été la principale source d'énergie mécanique. Il n'y a pas si longtemps, on construisait des cathédrales, des routes, on produisait des biens de consommation ou

* https://www.planetoscope.com/petrole/209-consommation-mondiale-de-petrole.html

du blé à la force des muscles. On s'est aidé dès l'Antiquité de la traction animale et des moulins à vent ou à eau, il n'empêche qu'il fallait souvent donner de sa personne. C'est d'ailleurs sur la force de travail des esclaves que s'est construite la puissance commerciale de l'Occident et que le capitalisme a trouvé ses racines. L'ingénieur Jean-Marc Jancovici s'est livré sur son site à un exercice afin de révéler ce que représente concrètement notre consommation d'énergie. Il a établi qu'un Français avait à sa disposition vingt-quatre heures sur vingt-quatre l'équivalent de 400 à 500 esclaves pour répondre à sa consommation et à ses besoins quotidiens. L'artiste Melle Smets et le journaliste Kris De Decker, fondateur de Low-Tech Magazine, ont imaginé pour l'université d'Utrecht un immeuble de vingt-deux étages au sein du campus, alimenté par la seule énergie humaine. Intitulé *Human Power Plant*, le projet vise à souligner notre rapport décomplexé à l'énergie en lui donnant une réalité physique. Des salles de fitness productrices d'énergie et un usage de celle-ci optimisé permettraient à une centaine d'étudiants de s'éclairer, de se nourrir, de surfer sur le web. Mais avec modération, c'est là tout l'apport de l'expérience. Les deux créateurs ont établi qu'il faut une heure et demie de sueur, par personne, sur les machines pour produire l'énergie nécessaire à la communauté. À quoi il faut ajouter deux heures pour les besoins individuels. Nous nous livrons depuis plusieurs décennies à une véritable orgie d'énergie. La société nous autorise, nous enjoint même, à ne pas y penser, mais les faits sont là : nos trains de vie sont intenables. À elles seules, les énergies renouvelables seraient incapables de fournir la ressource nécessaire au maintien d'un tel mode de vie. Sortir des énergies fossiles et du nucléaire implique de réduire drastiquement la voilure ; 400 à 500 esclaves par tête et par jour, c'est trop et puis c'est tout.

Le fait que nous ayons bâti nos économies sur les énergies fossiles nous rend en outre très vulnérables car absolument dépendants d'une source énergétique qui réchauffe notre planète, nous menace d'asphyxie, et qui de surcroît s'épuise inexorablement. On parle de pic lorsque le débit d'extraction d'une ressource a atteint son plafond et ne peut que décliner. Les ressources étant amoindries et toujours plus difficiles à atteindre, leur exploitation devient de plus en plus dangereuse d'un point de vue environnemental, et de plus en plus coûteuse. Selon l'Agence internationale de l'énergie, le pic mondial de pétrole conventionnel a été atteint en 2006. Il ne paraît donc pas complètement sot de prendre la mesure de notre gabegie énergétique.

Mon feu rechigne toujours à démarrer. Les moustiques, en revanche, s'en sont donné à cœur joie pendant mes tentatives. J'ai eu beau m'infliger des claques vigoureuses, mes bras et mes jambes sont déjà criblés. François réorganise mon petit tas de bois, de sorte que l'oxygène circule mieux. Le feu prend en un clin d'œil. Nous l'éteignons avec l'eau de la rivière. Nous allons quitter la petite île. Cette halte était strictement pédagogique. J'ai appris que je ne savais pas faire de feu, même avec un briquet. J'ai aussi appris quelques principes de base de survie : chercher des ressources sur soi (de quoi manger, de quoi construire, de quoi faire un feu...), puis autour de soi, et ne bouger que si nécessaire afin de s'économiser. Avoir une hygiène rigoureuse, veiller à éviter les accidents bêtes, que le stress et la fatigue favorisent, en pensant toujours par exemple à remettre le couteau dans son étui.

Avant de partir, François me demande si j'ai soif. Oui, un peu. Je dois prendre l'habitude, me dit-il, de boire avant d'avoir soif, car si la soif se manifeste, c'est que je suis déshydratée et donc privée d'environ 10 % de mes capacités cérébrales. Je ne me sens déjà pas particulièrement brillante dans la nature, il serait fâcheux de gâcher mes maigres capacités, en effet. Composé à 65 % d'eau, le corps humain ne peut par ailleurs survivre plus de trois jours à la privation d'eau. Alors buvons. Mais quoi ? L'eau de la rivière, bien sûr. Il s'agit de la filtrer puis de la purifier. François a une pompe-filtre, mais nous allons commencer par procéder comme si nous n'avions pas ce matériel. Filtrer l'eau dans la nature est indispensable dans l'immense majorité des cas. Il me montre comment faire en utilisant d'abord les graviers de la rive. En effet en creusant au bord de la rivière, l'eau qui remplit le trou est naturellement filtrée par les pierres et graviers qu'elle traverse et s'avère nettement plus claire. Il faut ensuite la laisser décanter et ne récupérer que ce qui se trouve à la surface. Puis la purifier afin de la débarrasser des bactéries. Pour cela, on la fait bouillir. Une autre méthode de filtration bien connue consiste à utiliser un textile – plus il est long mieux l'eau est filtrée – pour que le liquide en ruisselant laisse les impuretés dans les fibres. On peut utiliser un foulard, une chaussette… Il faut compter une bonne heure pour obtenir la moitié d'une bouteille d'eau filtrée qu'il est encore nécessaire de faire bouillir. Bref, tout cela prend un temps fou, et ces techniques ne sont pas compatibles avec le fait que nous sommes itinérants. François sort donc sa pompe-filtre, un appareil dont il est très fier. « C'est suisse. Fabriqué là-bas et tout », déclare-t-il avec orgueil. En un clin d'œil, actionnant l'objet comme une pompe à vélo, il remplit une gourde de l'eau de la rivière grâce à un petit tuyau. Il me la tend et je jette un regard suspicieux à ladite rivière, un peu trop verte à mon goût. Mais je bois et l'eau est fraîche, et bonne. Et puis si la pompe est suisse…

Nous remontons à bord du canoë, pagayons encore quelques heures. Le paysage se prolonge à l'identique. Les arbres succèdent aux arbres, les ronces aux ronces, et le vert au vert. Sur l'eau sont posés çà et là des nénuphars sur lesquels des libellules font des haltes entre deux coïts aériens. La saison de la reproduction est clairement engagée. Deux par deux, imbriquées dans une curieuse position qui me laisse penser que l'organe reproducteur de la femelle est situé à l'arrière de sa tête, elles accompagnent la lente progression du canoë. J'ai tout le loisir de les observer car elles me prennent volontiers pour leur suite nuptiale, se posant sur mes cuisses ou mes épaules. J'ai beaucoup de succès avec les libellules. Elles sont d'un bleu éclatant, celui des poissons tropicaux dont les écailles résonnent dans les eaux transparentes. Ce sont des créatures chatoyantes, assez spectaculaires. Et je les trouve joyeuses, à copuler dans les airs ou sur mes genoux. Quelques canards circulent sur l'eau, deux par deux. Ils ne nous prêtent pas tellement attention. Ils sont chez eux et nous n'avons pas d'importance.

Nous n'avons pas déjeuné. Ça n'a pas l'air d'être une préoccupation pour François, nettement plus pour moi, mais je m'aperçois que mon corps s'adapte et ne faiblit nullement. J'enchaîne les coups de pagaie sans ressentir les effets de l'hypoglycémie.

*

Nous évoluons dans un interminable tunnel de feuilles. Les voies que nous empruntons sont assez étroites et abritées par la canopée, sous un soleil que je devine encore ardent. François m'explique pourtant qu'il nous faut nous arrêter pour préparer notre campement pour cette nuit. Voilà un deuxième enseignement empirique : en pleine nature, tout prend du temps. Beaucoup de temps. On parle souvent du rythme effréné de nos vies occidentales, c'est un lieu commun auquel on ne prête même plus attention. Oui, ça va vite, on le sait, c'est comme ça, pas la peine de s'y appesantir. Les passants sur les trottoirs, les actualités qui se chassent les unes les autres, les statuts Facebook et les photos de *food porn* sur Instagram. Mais on oublie que ce qui va vite, c'est aussi l'accomplissement de nos désirs. Tu veux allumer la lumière pour lire : tu appuies sur un bouton. Tu veux faire bouillir l'eau de tes pâtes : tu appuies sur un bouton. Maintenant, avec Tinder et consorts, tu appuies sur des boutons même pour trouver l'amour ou des amants. Notre index est notre plus fidèle allié dans l'assouvissement de nos désirs.

Dans la nature, on ne fait pas grand-chose avec son seul index. On ne fait rien, en fait. Si, on peut montrer. Mais c'est à peu près tout. Il faut se donner du mal et donner de son temps pour assouvir les besoins les plus basiques. La bonne nouvelle, c'est que, en principe, on n'a que ça à faire : se nourrir, s'abriter, dormir.

Alors, ça prend beaucoup de temps, mais du temps, on en a. Plein. Nous accostons une île d'une centaine de mètres de long, et déchargeons nos sacs. Nous faisons un rapide tour du lieu. À l'image du tunnel dans lequel elle s'inscrit, l'île est très sombre, alors que le soleil est encore assez haut. C'est une petite forêt à elle seule et la lumière ne parvient au sol que timidement. François décide que l'extrémité gauche de l'île sera la cuisine. Nous y ferons le feu. Un peu plus loin, nous installerons de quoi dormir. Je découvre que certains de mes congénères, dans leur infinie et caractéristique intelligence, ont pris l'endroit pour une poubelle. Des dizaines de petits pots de confiture en plastique jonchent le sol. Des vieilles bouteilles d'eau également. Je suis consternée et entreprends de rassembler tout ce plastique pour en débarrasser la petite île lorsque nous la quitterons. Selon l'écopsychologue Paul Shepard, ce que nous infligeons à la planète est un symptôme de la « psychopathologie humaine ». Il ne faut pas être très bien dans ses baskets en effet pour pourrir autant ce dont notre existence dépend, et pour souiller ainsi le beau. Combien de fois me suis-je dit en regardant des images du septième continent – cette marée noire de plastique grande comme six fois la France et qui flotte sur l'océan Pacifique – ou bien en tombant sur des canettes de Coca dans des dunes préservées, ou sur des coulées d'ordures cascadant à flanc de montagne (ça, c'était en Albanie), combien de fois me suis-je dit que l'humain était dégénéré pour être aussi régressif, aussi sale, aussi sot ? À l'époque, je ne connaissais rien de l'écopsychologie mais je pressentais un gros « malaise dans la civilisation ». Theodore Roszak parle assez bien des malades mentaux que nous sommes. Il explique que la planète est devenue une sorte d'écran psychiatrique sur lequel nous projetons nos névroses. Elles prennent la forme de déchets toxiques, de pillages des ressources. Theodore Roszak a théorisé l'écopsychologie en 1992 dans son livre *The Voice of the Earth.* Depuis, cette discipline regroupe les théoriciens et praticiens qui pensent les interrelations de la psyché et de la nature. L'écopsychologie formule également le projet de répondre à la crise écologique en opérant un rapprochement entre écologie et psychologie afin de remettre l'humain à sa place sur la planète, pour qu'il connaisse un sentiment d'harmonie dont le respect de l'environnement serait la conséquence naturelle. L'écopsychologie pose enfin que l'être humain fait partie intégrante de la nature, et que celle-ci fait partie intégrante de son être, où qu'il vive.

J'ai découvert cette discipline très récemment. J'ai beau m'intéresser activement à l'écologie depuis plus de dix ans, en épouser chacun des principes, j'étais passée à côté de l'écopsychologie, qui présente pourtant un intérêt indéniable pour ne pas dire indispensable. Cela en dit long sur l'écho qui lui est réservé. On laisse ces considérations dans l'ombre, et cette discipline dans la confidence. Le monde n'en veut pas. Le monde veut croire qu'il n'est pas choquant de prendre une petite île de Charente pour une poubelle. Parce qu'une fois encore, le monde veut croire à l'abstraction. Les déchets sont un autre de nos tabous sociétaux. Que sait-on d'eux ? On jette, c'est tout. Dans le meilleur des cas, on se donne bonne conscience en faisant le tri sélectif, les gentils messieurs accrochés au gros camion passent et, zou, nos déchets n'existent plus. On ne sait pas qu'un Français produit 13,8 tonnes de déchets par an, en comptant les déchets de l'industrie. On ne sait pas non plus que 66 % d'entre eux finissent brûlés ou dans des décharges et que seulement 22 % sont recyclés. Dans le même temps, des entreprises trouvent que c'est une super idée de vendre des clémentines prépelées dans des boîtes individuelles en plastique, et des gens que c'est une super idée de les acheter. Malaise dans la civilisation.

François me dit de mettre une bouteille de côté. Nous pourrons en faire une nasse à poisson ou de quoi filtrer de l'eau. Tout est ressource dans la nature, répète-t-il comme un mantra, y compris les déchets laissés négligemment par l'humain. On peut trouver une utilité à tout, m'assure François. Nous avons oublié la notion de cycles, nous l'avons évacuée de notre rapport au monde, alors même que les cycles régissent la vie sur terre. La notion de progrès s'est imposée dans une dimension linéaire et nous avons incorporé cette dimension. Obsolescence programmée, surproduction, surconsommation, surpollution, le tout ressemble à une incroyable fuite en avant, au comportement d'un gros psychotique.

Après ce ménage un poil amer, il est temps de passer à la première chose à faire lorsqu'on monte un campement : le feu. Cette fois-ci, François m'explique comment m'y prendre pour produire un *upside down fire*, un type de feu inventé par les natifs américains. Ce feu a pour intérêt d'être robuste, facile à réaliser, et de ne pas dégager de fumée. Idéal quand on est en cavale, ou que la civilisation s'est effondrée, que les humains sont devenus des barbares et qu'on ne veut pas se faire repérer. Pour réaliser un *upside down fire*, il vous faut des bûchettes, puis du bois de moins en moins épais et de plus en plus sec, à empiler par strates, pour finir par des brindilles ou des herbes particulièrement sèches et inflammables. Je me mets en quête du matériel. Il y a pas mal de branches par terre mais je ne sais comment les casser. François me montre comment faire en les cognant contre le tronc d'un arbre. Je cogne, ça se brise, ça me grise. Je me sens assez balèze. J'ai tant d'entrain que je me fais un peu mal au poignet mais, qu'importe, je suis balèze. Et j'ai mes bûchettes. L'ego ragaillardi, je cherche et trouve le reste du bois dont j'ai besoin. Au diable le briquet, place au firesteel, un fin cylindre d'acier dont la friction avec une lame de couteau, par exemple, produit des étincelles capables d'embraser des copeaux de bois bien secs. Je gratte d'abord du bois gras, un bois de résineux, très riche en térébenthine, hautement inflammable. Les gestes gauches que j'imaginais avant mon départ sont au rendez-vous. J'ai regardé faire François : les coups de couteau obliques, le morceau de bois gras qui se laisse écorcher sans résistance, coopératif, les copeaux qui giclent, fins et réguliers. Un jeu d'enfant. Le couteau en main, je pressens aussitôt que la tâche va s'avérer plus laborieuse. Il est lourd, je suis gourde. La lame s'enfonce trop, ou pas assez, ça fait vite mal aux mains. Mes copeaux ont triste mine.

Je parviens cependant à obtenir de quoi produire la flamme qui devrait allumer le bel édifice. Je me débrouille nettement mieux avec le firesteel qu'avec le couteau. Après seulement deux tentatives, je fais jaillir de généreuses étincelles. Le bois gras crépite mais ne s'embrase pas. Je m'échine. Je m'acharne. J'ai le temps, et une volonté de fer surtout, que n'importe qui ressent, je pense, en pareilles circonstances. C'est une vieille histoire qui nous colle à la peau, les humains et le feu.

Enfin, ça brûle ! Les flammes se propagent progressivement dans les strates inférieures, gagnent en vigueur, s'enfoncent et s'élancent. J'exulte. Je viens de faire mon premier feu. Et sans briquet.

Il faut à présent installer nos couchages. François a une espèce de sarcophage de tissu, très technique, qu'une marque spécialisée dans les expéditions sauvages lui a offert en échange d'une recension sur son blog. La survie est un business. Des arbres serrés forment une espèce de cloison symbolique entre la « cuisine » du bout de l'île et la « chambre ». François trouve une place au pied d'un arbre pour son sarcophage. Je suis pour ma part ravie de dormir dans un hamac et non dans cette chose qui m'aurait certainement donné la sensation de passer la nuit dans un cercueil en coton. Nous trouvons deux arbres convenablement espacés et installons mon hamac à bonne distance du sarcophage. Je n'aurais pas supporté la promiscuité. Je n'ai jamais dormi dans un hamac. Mais je réalise que rien ne m'inquiète vraiment depuis que j'ai mis un pied dans le canoë. Tout est à la fois nouveau et familier. Je me sens en décalage et précisément là où il faut. Je me sens vivante, pleine d'allant. Quand je suis partie, j'avais une oreille bouchée depuis plusieurs jours, effet d'un gros rhume. Je me rends compte qu'elle ne l'est plus, que j'entends bien mieux. Je suis en bonne santé et prends la peine de soupeser l'importance et le plaisir de n'avoir mal nulle part. Une intense sensation de liberté découle de ce constat tout bête.

Je me sens solide. J'accueille chacune des nouvelles expériences avec une grande décontraction.

François me montre ensuite comment fabriquer une canne à pêche avec une fine branche, de la ficelle et des épines d'églantier. Nous fabriquons chacun la nôtre. Il accroche un morceau d'étoffe rouge en guise d'appât puis s'active au bord de la rivière. Je fais de même. Nous restons ainsi suffisamment longtemps pour que je m'impatiente et décrète en mon for intérieur que c'est peine perdue. Je le sens. Mais je crois que je suis une mauvaise pêcheuse. En fait, ça m'embête un peu d'attraper un poisson, de lui trouer la bouche, de le manger. J'ai envie de les laisser tranquilles, les habitants de la rivière. Je suis exaucée car ça ne mord pas.

— Tu bois l'eau du robinet chez toi ?

La question est abrupte mais ne me surprend pas parce que je commence à connaître les réflexes conversationnels de François. Poser des questions sorties de nulle part en fait partie.

— Oui.

— Et tu la filtres ?

— Non. Mais je crois savoir que l'eau de Paris est de bonne qualité.

François ricane.

— L'eau de Paris est un poison, comme toutes les eaux de France et d'ailleurs. Les taux autorisés de pesticides sont revus à la hausse chaque année par l'État. Tu en donnes à ta fille ?

— Oui.

François laisse planer un silence culpabilisant.

— Mais qu'est-ce qu'il faudrait boire, alors ? J'imagine que tu ne recommandes pas les bouteilles en plastique.

— Non, il faut filtrer. J'ai un filtre très puissant. Et de toute façon, je n'ai pas l'eau courante.

Je sais qu'il s'attend à ce que je veuille en savoir plus. Mais son ton me déplaît et je n'ai pas envie de lui faire le plaisir de me montrer curieuse de son mode de vie si vertueux. Ce qui est perturbant avec ce type est que ses informations pourraient être communiquées par bienveillance, dans une démarche pédagogique et altruiste, mais je perçois que ça n'est pas le cas. Ce qui fait vibrer François, c'est de provoquer l'angoisse. Et ça m'ennuie. Et le temps passe. Je jette l'éponge et pars occuper le mien à faire une rapide toilette dans la rivière, de l'autre côté de l'île. Pas bien loin donc, mais les options sont assez limitées. Je tâche de me créer un semblant d'intimité, vaguement cachée par les arbres. Je ne risque pas de croiser grand monde. Il y a trop peu de fond pour accueillir des bateaux et nous n'avons pour l'instant croisé personne en canoë. On ne peut pas dire que ce moment soit particulièrement voluptueux. Je fais vite, tâchant de me maintenir en équilibre sur la vase qui ne demande pas mieux que de m'engloutir et sur laquelle je glisse. Je renonce à me baigner entièrement. L'eau est froide et je ne me sens guère joueuse. Je procède donc méthodiquement, avec des gestes vigoureux et me retrouve propre de la tête aux pieds. Cela me ragaillardit. Je retourne prendre place près du feu, décidée à profiter de quelques instants de solitude pendant que François pêche.

Il revient peu de temps après, bredouille. Nous allons donc cueillir notre dîner. Nous nous mettons en marche et découvrons que notre « île » est en fait rattachée à la terre. Nous sortons de l'espace boisé bordé de part et d'autre par la rivière et nous nous engageons dans une sorte de champ où poussent tranquilles des herbes hautes et sauvages. Je devine une route, pas loin, en éprouve une grande mélancolie. Je regrette d'apercevoir le bitume, je regrette de sentir la proximité de la société des hommes, cela dégrade mon expérience. Les yeux rivés au sol, je suis les instructions et les explications de François. Au menu ce soir, orties, plantains, pissenlit... Le champ en regorge. Il suffit de se baisser pour en trouver. Et je connais déjà ces herbes, mais j'ignorais leurs puissantes vertus nutritives. L'ortie par exemple est l'une des meilleures amies de l'humain des bois. D'abord parce qu'on en trouve partout, ensuite et surtout parce qu'elle est très riche en protéines, en vitamines (elle contient plus de vitamine C que l'orange !), en fer, en magnésium. Bref, elle pique mais elle est excellente pour la santé. La cueillir réclame une certaine science. Il s'agit de l'attraper par en dessous de sorte à coucher les piquants. J'ai pas mal de mauvais souvenirs de piqûres d'ortie et rechigne à m'y essayer. Je le fais finalement. Et me pique superbement. Elle se déguste crue si on le souhaite. Il faut alors broyer les fameux piquants. François le fait sans sourciller entre ses doigts. Je ne suis pas prête pour les orties crues. Je me rabats sur les feuilles de pissenlit qui sont également excellentes crues. Elles ont un goût intéressant. Inhabituel. Subtilement amer. En bordure du champ, François me montre les pousses de ronces, un puissant anticancer. Nous en cueillons une petite dizaine. Elles se dégusteront bouillies. En un quart d'heure, nos chapeaux sont remplis de victuailles. Je suis soulagée de savoir qu'il est si simple de trouver de quoi satisfaire les besoins élémentaires du corps. Il est peu probable que je me porte bien en ne boulottant que des herbes pendant des mois, mais j'ai l'impression d'être à peu près tirée d'affaire pour cette semaine. Peu de fruits en revanche. Nous ne trouvons qu'une mûre. François me l'offre. Je le trouve bien sympa pour le coup. Je veux garder le petit fruit pour le dessert mais échoue et l'avale tandis que nous rentrons au campement. Je puise l'eau de la rivière grâce à la pompe suisse. Puis, sur mon feu qui brûle avec une ardeur somptueuse, je fais bouillir notre récolte dans la popote de François, un contenant en inox, doté d'un couvercle et d'une anse qui permet de l'accrocher à une branche plantée obliquement dans le sol. Ainsi suspendue au-dessus des flammes, la popote ne tarde pas à frémir, agitée par l'ébullition. De son côté, François qui a du mal à accepter son récent échec, retourne au bord de la rivière, avec une vraie canne à pêche cette fois. Il revient quelques minutes plus tard, deux poissons inertes à la main. Ce sont des perches, me précise-t-il. Et ce sera à moi de les vider. J'accueille cette nouvelle, sans réussir à mobiliser les connaissances nécessaires. Il me montre donc comment procéder avec le premier poisson. On entaille au niveau d'un petit trou, l'anus, puis on remonte jusqu'à la tête en lui ouvrant le ventre. Ensuite, on plonge les doigts dans les entrailles, on tire et hop. Enfantin. François s'éloigne en me disant que demain ce sera à moi de tuer notre dîner. Je ne sais pas comment anticiper ou appréhender pareil devoir. Mais à chaque jour suffit sa peine. Je tâche de reproduire les gestes si sûrs de mon instructeur sur le petit poisson. L'entaille est moins fluide, la peau glisse sous mes mains et je peine à manier le couteau. Je n'ai pas d'états d'âme. J'ai une approche très technique de la chose. Elle doit être faite, et se voit confrontée à des entraves physiques. C'est tout ce qui m'occupe. Mais j'ai toujours eu une immense tendresse pour les animaux et aurais certainement été plus émotive avec un lapin ou un écureuil. Ou peut-être pas. Je ne sais pas. Je tente de faire progresser cette fichue lame, mais la bête glisse, indocile, et la progression est lente. Enfin, l'entaille me semble assez conséquente. C'est le moment de plonger mes doigts dans le petit corps. Un rictus et un grognement m'échappent. C'est visqueux, c'est intime. J'ai cette fois la pleine conscience que j'ai au bout des doigts de l'organique, du presque vivant, du mort pourtant. Et la vie ou ce qui le fut ne se détache pas sans résistance. Il faut tirer. Mais ça ne vient pas, ça glisse. Je tire, les viscères sourdent, petits boyaux, modèles réduits de ce que j'abrite moi-même. François est loin, alors je m'autorise à jurer, énormément. Je jure et ça résiste toujours. Je suis aussi dégoûtée que déterminée. Je reconnais certains organes. Les intestins, le tout petit cœur. Je n'ai plus tellement faim. François revient. Je n'ai pas trop mal travaillé finalement paraît-il. Maintenant, il faut écailler. Sous la lame de son couteau, les écailles volettent, c'est si simple. Sous la lame du mien, c'est encore une lutte pathétique entre la perche et moi. J'en viens enfin à bout, nous embrochons les poissons sur deux petites branches et les posons à proximité de *mon* feu.

François m'informe qu'à partir de demain il ajoutera une poignée de riz et de la farine au menu parce que ma physionomie ne me permet pas de tenir sans risques en ne mangeant que ce que l'on trouve sur place. Je mesure 1,84 m et pèse moins de 60 kg, je n'ai pas assez de réserves. Ça n'est pas un choix. Je mange à ma faim et j'ai même essayé d'engraisser avant de partir, mais je suis d'une nature nerveuse qui crame les calories. Je dois donc faire attention à ne pas trop maigrir ici. D'autant que, puisque nous sommes itinérants, la pose de pièges, nasses à poissons notamment, n'est pas envisageable car ils nécessitent de rester de nombreuses heures sur place. En attendant, pour ce soir, dîner entièrement « biocal ». Herbes bouillies (qui provoquent une certaine tristesse en bouche) et menues bouchées de poisson que je dépiaute avec les mains. Nous piochons à tour de rôle des cuillerées de bouillon et d'herbes dans la popote. Je me force. François parle de plein de choses d'un air sentencieux. Il sait mieux que moi. Je reconnais que c'est vrai dans la nature mais, chez lui, cette certitude de savoir mieux et plus que l'autre dépasse largement le domaine de la survie. François sait mieux que l'humanité entière, dont je suis ce soir, par mon ignorance, une représentante.

— Moi, je suis libre. Je ne dépends d'aucun organisme rattaché à l'État. Je n'ai aucune confiance en l'État. Il faut être bien con d'ailleurs, pour faire confiance à l'État, pérore-t-il.

— Mais l'eau, l'électricité ? Tu n'es pas raccordé au réseau ?

— Certainement pas. Mon eau, je vais la chercher dans un puits, devant ma maison.

Il écarquille les yeux pour que je prenne bien la mesure de sa supériorité.

— Quand chaque pan de la société s'effondrera l'un à la suite de l'autre, quand ce qui sortira des robinets sera marron, j'aurai de l'eau potable, moi, mes enfants aussi.

Il écarquille de plus belle ses tout petits yeux noirs qu'il a braqués sur la mère indigne que je suis, cette mère raccordée au réseau.

— Et j'ai installé des panneaux solaires. Je l'ai fait moi-même, sinon, ils te raccordent par défaut.

— Tu es si rusé, dis-je en souriant.

Mais François est accroché à son premier degré comme une moule à un rocher. Alors il poursuit :

— Pour prendre des douches, je chauffe l'eau sur le poêle, puis je la monte jusqu'à la salle de bains, au premier. Je sais ce que pèse une douche, moi, tu vois. Je sais que ça pèse lourd.

Je respecte cela. D'ailleurs, je respecte tout ce qu'il me raconte. J'ai un problème avec la forme en revanche. J'ai déjà rencontré des gens qui vivaient ainsi, ou aussi *off the grid* que possible. Je les avais trouvés passionnants, je voyais dans cette autonomie une quête à poursuivre, dans cette liberté une source d'inspiration extraordinaire. Mais François n'en parle pas de la même façon. François parle de haut, de tout en haut, et peine à masquer sa suffisance. Je l'écoute malgré tout, attentive. Je pose des questions, mais j'entends surtout au fil de la conversation une condescendance pour la Parisienne que je suis, engluée dans le système selon lui. C'est assez drôle car j'ai souvent l'impression d'être une zadiste aux yeux de certains. Or, là, pour François, je ne suis pas loin d'incarner une petite pépée qui travaille pour Monsanto ou Goldman Sachs. J'exagère, mais François prend son identité de survivaliste tellement au sérieux, qu'il a tendance à mettre le reste du monde dans le même sac. Le sac du mal et de l'ignorance. Enfin, je suis tranquille en cette fin de journée, sous le ciel délavé par la lumière vespérale que je distingue entre les feuilles, à l'abri du monde, cachée dans le vert, bercée par les bruissements, le chant discret de quelque oiseau, et accueille donc ses leçons de choses avec bonhomie. Je trouve cependant le moyen d'y mettre un terme au prétexte d'aller rincer la popote et les cuillères dans la rivière. Je m'assieds un instant au bord, la regardant couler à mes pieds. Je vais aller me coucher dans ce berceau d'indifférence. Car c'est vraiment ce qui me frappe à cet instant. J'ai une conscience aiguë de l'isolement qui est le mien, je vais passer la nuit dans les bois, pour la première fois de ma vie, et la nature s'en fout complètement. Je pourrais ne pas être là. Demain d'ailleurs, je ne serai plus là. Je vais aller me coucher, dans l'indifférence générale.

Je suis venue à bout des herbes et du bouillon mais tout cela manquait de consistance. Pour autant, je n'ai pas faim. Je laisse François à ses réflexions, prends poliment congé de lui.

J'allume mon portable pour connaître l'heure. Il est 20 heures. Je découvre que je capte même la 3G. Moi qui ne suis pas la dernière à me retrouver sur Facebook à faire défiler les photos de vacances de quelqu'un que je connais à peine, ou pas du tout, alors que j'avais simplement l'intention de regarder la météo, je n'ai ce soir aucune envie de consulter mes e-mails ni de traîner sur les réseaux sociaux. L'idée même d'appuyer sur une de ces icônes me semble aberrante, et triste. J'aurais l'impression de profaner l'endroit, d'égratigner l'expérience. Alors je remise mon portable dans mon sac et grimpe dans le hamac. Et pendant deux heures, je regarde, me saoule de l'écoulement lent et doux de l'eau de la rivière, du mouvement tranquille des feuilles sous la brise. Je suis sous les arbres, entre les eaux, je suis aussi calme que la nature qui m'entoure. Les arbres auxquels nous avons accroché mon hamac sont assez hauts. Leur tronc relativement fin. Ils sont élancés. À quelques mètres coule la rivière, discrète. Au-delà s'élèvent d'autres arbres, compacts. Ils ne laissent rien voir de ce qui se passe en face, ils forment, avec les bas arbustes, une barrière végétale. L'air est doux. Je me sens chanceuse. La météo est idéale et ma crainte du cagnard s'est évaporée, car l'eau et le vert rafraîchissent en journée l'atmosphère. Un bruit humain déchire la douce toile sonore. Les bruits humains sont très singuliers. Reconnaissables entre mille dans la nature. Ils y sont *en relief*. En l'occurrence, c'est le cri de la fermeture Éclair du sarcophage de François qui vient de détonner. Je l'entends s'y installer. Je ne le vois pas. Les bords de mon hamac m'isolent. Assez rapidement, François ne bouge plus. Et la toile de fond des rumeurs du bois étend à nouveau son empire. Je devine le crépuscule. Le devine seulement, car les feuillages me le dissimulent. Mais je le sens. Je sens la lumière déclinante, aperçois entre les cimes le bleu qui capitule et cède la place au rose qui bientôt se laissera dominer par le sombre. J'ai l'impression d'être partie depuis longtemps déjà. Le dépaysement, l'inédit ont dilaté le temps, éloigné le quotidien. Tout est loin. Je me sens seule, dans ce que la solitude a de meilleur. Ma contemplation n'est parasitée par aucune de mes petites anxiétés d'urbaine névrosée. Quelques rares hululements brisent la monotonie du clapotis de la rivière. Je ne peux voir le hibou. Je ne saurais dire d'ailleurs où il se cache, d'où me viennent ses vocalises, ni s'il est seul à les produire. Cela rend ces hululements iconiques. Ils incarnent avec une douce poésie le symbole de la nuit qui vient. Ils me plaisent. Soudain, le bruit de la civilisation pénètre le décor. C'est le bruit de la vitesse. C'est le TGV que j'ai pris pour venir ici. Ce sont les 300 km/heure qui m'ont arrachée à Paris. La vitesse se tait. Elle repassera. Dans une heure ou deux, je le sais. Mais pour l'instant elle n'est plus. Ne reste que la lenteur. Je laisse le sommeil me gagner, doucement. J'entrouvre les yeux de temps en temps pour voir les étoiles percer le ciel obscurci entre les feuillages. L'air se rafraîchit, je ferme mon sac de couchage, et sombre enfin.

Mais pas pour longtemps. Sans qu'un bruit m'ait poussée à le faire, j'ouvre grands les yeux. Je suis éveillée. Sans transition. En un battement de cils, je suis passée du sommeil de plomb au qui-vive. La nuit est noire à présent. Je n'ai aucune idée de l'heure qu'il est et, pour une raison qui m'échappe, n'ose faire un mouvement dans mon hamac. Je reste ainsi, parfaitement immobile, les sens aux aguets, tendant l'oreille, m'attendant, je crois, à percevoir une présence menaçante. Mais aucune menace ne se manifeste. Même le hibou s'est tu. Je n'entends que le bruit du vent dans les feuilles. Pourtant, je suis toujours à l'affût. Peut-être est-ce cet espace inhabituel qu'aucun obstacle ne délimite vraiment qui me perturbe. En ville, le regard finit toujours par se heurter à du plâtre, du béton, ou du ciment. Nos yeux sont habitués au confinement. C'est un rapport au monde déterminant. Les espaces sont clos. La chambre, l'appartement, la ville se referment sur nous. Ici tout est ouvert. Mon regard peut se frayer un chemin entre les arbres, il peut aller attraper les étoiles, deviner la Voie lactée. Il ne connaît aucun obstacle définitif. Les bois sont denses, mais les obstacles visuels poreux. Le regard ne connaît que la nuit, et son vertigineux empire. Je suis suspendue au-dessus du sol, entre deux eaux, littéralement. Et si, en plein jour, cette étourdissante ouverture me séduit au-delà de tout, elle provoque un certain malaise dans l'obscurité. Je suis une petite larve insignifiante dans mon hamac. Je réalise que ce que je crains, c'est la présence d'un humain. La menace qui m'inquiète est celle qui émane de lui, pas de la faune locale. En revanche, seule, engoncée dans mon sac de couchage, sans même un petit bout de bois pour me défendre en cas d'attaque, je me sens très vulnérable. Quelle idiote d'avoir laissé mon couteau dans mon sac. François n'est pas si loin, mais la conscience de ma vulnérabilité et de notre isolement loin du collectif, loin des règles de vie en société et des sanctions m'inquiète. Cette inquiétude m'a été inoculée, je le sais bien. On m'a appris à avoir peur, à me méfier, on m'a appris les dangers que me faisaient potentiellement courir mes congénères, à plus forte raison en tant que femme. On m'a demandé de veiller à ne pas rentrer trop tard, à éviter les rues peu fréquentées, les médias m'ont servi des quantités d'histoires sordides pour nourrir la crainte de l'autre. J'ai tâché de m'imposer mes propres règles et de ne pas céder à une vigilance inhibante, voire aliénante. Je parle aux inconnus, je rentre en pleine nuit, je refuse d'avoir peur en ville. Pourtant, tandis que je réfléchis à tout cela, n'osant pas bouger dans mon hamac, grande saucisse prise au piège, mon cœur se met à battre alors que j'imagine des pas qui approchent. C'est au cœur de la nature que ma peur de l'humain se révèle et déploie ses tentacules pour m'inspirer des scénarios sanglants. J'ai conscience de l'irrationalité de cette panique que je construis de toutes pièces, cédant à une sorte de perversité, mais il se trouve qu'elle s'enracine dans une vérité implacable : si quelqu'un de malveillant venait à s'approcher, je n'aurais pas grand-chose à lui opposer et ne pourrais compter que sur l'intervention de François. Mais je ne connais pas François – et si c'était un psychopathe ? – et puis cela me déplaît de devoir m'en remettre à un homme pour espérer m'extirper d'une agression. Comme je suis bien impuissante face à cet état de fait, et épuisée par la journée de la veille, je retombe à nouveau, sans plus de transition, dans le sommeil.

Mais me réveille à nouveau en sursaut. Après combien de temps ? Impossible à dire. Des grognements profonds et bien trop proches m'ont arrachée brutalement au sommeil. J'entends les battements de mon cœur tant ils sont forts. Je lève la tête. Le soulagement est immédiat. L'air s'engouffre dans mes poumons et mon cœur se calme. Dans le clair de lune, je distingue, touchantes ombres chinoises, une famille de sangliers. Ils sont quatre. Deux adultes, suivis de deux petits, trottinant, s'arrêtant pour flairer quelque plante au bord de l'eau. Je les vois avancer de l'autre côté de la rivière. Je ne suis pas mécontente de cet obstacle entre nous. J'apprendrai plus tard que les sangliers nagent très bien. Poussant toujours leurs grognements caverneux, ils s'éloignent gentiment. Je me rendors, émue par cette image d'Épinal, bercée par la douce illusion d'appartenir cette nuit à un univers parallèle où la menace humaine n'existe pas, où les grognements gutturaux ne peuvent être que les conversations d'une famille de sangliers.

Mais je me réveille, encore une fois. Les réveils nocturnes en pleine nature n'ont rien à voir avec ceux de mes nuits hachées par l'insomnie dans mon lit, entre les murs de ma chambre. À Paris, ils sont ensuqués, mous, peut-être atténués par le moelleux environnant. Ici, mes réveils sont vifs, tranchants. Ils sont radicaux. C'est le froid cette fois qui me tire des limbes bien peu profonds du sommeil de cette nuit si différente des autres. Je grelotte. Mes pieds sont froids, des frissons parcourent mon cuir chevelu et courent, humides, le long de mon dos. Non seulement la température a chuté mais l'humidité a envahi la nuit. François m'avait recommandé de mettre un bonnet avant de dormir, le crâne évacuant à lui seul 30 % de la chaleur corporelle par temps froid. Mais il faisait près de 25 °C lorsque je me suis endormie. Ensuite, j'ai eu fort à faire avec les psychopathes des bois, les sangliers, et j'ai donc négligé de m'équiper. Désormais transie de froid, j'en paye le prix. Mon bonnet ne suffit pas. Je sens la froide humidité se frayer un chemin entre les fibres du hamac, puis celles de mon sac de couchage. Mon sac à dos est pendu à un arbre. Pas très loin, mais je ne sais où exactement, et il me semble inconcevable de quitter mon hamac. Trop compliqué de s'en extirper, de chercher le sac, puis les affaires à l'intérieur, le tout dans le froid et le noir. Non. Impossible. Je préfère me noyer dans mon verre d'eau. Et continuer d'avoir froid, donc. J'ai l'impression de pendouiller dans une rosée glacée. Je n'ose pas regarder l'heure, je sais que la nuit n'est pas assez avancée pour me rassurer. Je ne veux pas savoir à quel point elle va être longue. Je me recroqueville en chien de fusil, mon bonnet enfoncé jusqu'aux paupières.

Je me réveille aux premières lueurs. Je suis soulagée de deviner les rayons du soleil parce que je ressens l'urgence de me réchauffer, voire de me sécher car j'ai l'impression que mon squelette lui-même est gouttelettes, fraîcheur, rosée. Mon corps connaît ici des sensations inédites. Je me suis endormie avec une grande naïveté, comme on le fait quand on est à l'abri, sans aucune considération pour les morsures de la nuit. Or la nuit mord. Je le sais maintenant. Je ne tarde donc pas à quitter ce maudit sac qui s'est laissé assaillir sans résistance, j'enfile mon jean, mes chaussures et me hâte loin de cette zone verticale où les arbres retiennent l'humidité, la dégagent et refoulent la chaleur du soleil. À grands pas, j'avance sans réfléchir, guidée seulement par le désir de trouver enfin l'astre, fût-il timide en cette heure que je devine très matinale. Dans le champ où nous avons cueilli notre dîner hier soir, je goûte avec bonheur la flagrante différence de température. Le champ est caressé par une lumière crue ce matin, presque blanche, alors que la veille je l'ai connu ocre et mordoré. Les herbes hautes oscillent au vent comme de fines pailles brillantes.

Éblouie, je le parcours en prêtant attention aux herbes comestibles et j'en ramasse quelques-unes pour le petit déjeuner. Je m'assieds au bout du champ, ferme les yeux, et comme un lézard, absorbe la chaleur qui me transforme. Elle me soulage et me fortifie. Je me suis réveillée toute chiffonnée, franchement amoindrie. Pile solaire, je suis désormais une femme neuve et pleine d'énergie. Le froid m'avait cassé, le corps et le moral. Le soleil me rend joyeuse et vigoureuse. Les yeux plissés, je contemple les plantes et les fleurs sauvages du champ entre ses rayons aigus, je ne pense à rien d'autre qu'à la chaleur, qu'à mes vêtements secs, qu'à la joie du confort retrouvé. Je parviens sans le moindre effort à me situer tout entière dans l'instant présent. Un instant que je trouve aussi banal qu'extraordinaire, aussi vide que dense, aussi beau qu'insignifiant. Je me sens parfaitement bien, exactement là où il est bon que je me trouve. J'irais même jusqu'à affirmer que je ne suis pas loin d'éprouver le continuum, le fameux. Ce lien entre l'herbe, le soleil, les arbres et moi, qui me réchauffe. Ou peut-être est-ce seulement l'aise et le plaisir ? Je ne sais pas. Comment être sûre du continuum ? Dans *La Part sauvage du monde*, la philosophe de l'environnement Virginie Maris évacue toute incertitude rappelant que le continuum réside dans le fait que les humains sont issus du même processus d'évolution que les autres espèces, et que plus largement nous sommes engagés ni plus ni moins que ces espèces dans une lutte pour la vie. Admettre le continuum n'a donc rien de mystique. Le mysticisme serait plutôt du côté de ceux qui affirment que l'homme est une entité à part.

Maître Gims brise soudainement le continuum et mon sentiment d'appartenance. Je reconnais sa voix tonitruante. Elle est loin, mais elle est là. Contrariée, je jette un œil du côté de la route aperçue la veille et distingue la silhouette d'une femme imposante, vêtue de rose vif. Maître Gims chante plus fort à mesure que cette femme se rapproche. Je devine qu'elle me regarde. Tout comme elle l'est pour moi, je dois être pour elle une drôle d'apparition, assise toute seule dans un champ peu après l'aurore. À plus de cent mètres l'une de l'autre, nous nous toisons. J'aurais préféré ne pas la voir. Je ne veux pas voir d'humain. J'ai bien assez de mon moniteur de survie, humain encombrant s'il en est. Cependant, croiser cette femme me fait prendre conscience de l'éloignement qui s'est opéré dans mon cerveau. Au moment où nous nous regardons, je ne fais plus vraiment partie de son monde. Je vis en marge. C'est circonscrit dans le temps, certes. Il n'empêche, je ressens la marge, la frontière, le champ sauvage et la route, le vert souverain et les lignes à haute tension, Maître Gims et les canards. À cet instant précis, j'appartiens à une zone délaissée par mes semblables. Ils ne s'y aventurent pas. Ou rarement, comme en témoignent les vieux pots de confiture. Le milieu dans lequel j'évolue est si proche et si loin de la civilisation. Il est un étonnant sanctuaire. Et cette immixtion du « monde réel » me perturbe. Bientôt Maître Gims et la dame sont partis, et de nouveau le champ n'est plus que brise, soleil et herbes folles. Le paysage n'a rien de spectaculaire. J'ai certainement souvent croisé des champs sauvages comme celui-ci. Mais je ne m'y suis jamais réchauffée d'une nuit dans les bois. Et c'est délicieux, de se réchauffer, seule, et loin. Car vivre au sein des sociétés humaines occidentales est fatigant. En prendre congé est ressourçant. Mais c'est une gageure car nous sommes une espèce incroyablement envahissante. Lorsque je regarde par ma fenêtre, que je marche dans la rue, que je prends le métro, ce sont des gens que je vois. Des gens et ce qu'ils ont construit ou fabriqué. Des humains et leurs réalisations. Partout. Nous sommes devenus notre unique référence. Nous prenons toute la place. Nous bouchons les perspectives, oblitérons les ailleurs par notre présence. Selon un article publié dans la revue *Science*, au moment de l'invention de l'agriculture, il y a 12000 ans, environ cinq millions d'êtres humains gambadaient sur Terre. Si on additionne ces personnes et leurs animaux domestiqués, cela représentait à peu près 0,1 % de l'ensemble de la biomasse que constituent les cinq mille espèces de mammifères. Aujourd'hui, nous et les animaux que nous élevons pesons 90 % de cette biomasse. On n'est pas discrets. Et le reste du monde, le monde non-humain, l'est bien trop. Nous sommes même tellement balourds que des chercheurs ont récemment établi*, après avoir étudié soixante-deux espèces animales aux quatre coins du globe, que les animaux étaient de plus en plus nombreux à bouleverser leur mode de vie pour éviter la présence humaine, passant par exemple d'une activité diurne à une activité nocturne. C'est le cas des antilopes en Tanzanie, des éléphants au Mozambique, des tigres au Népal, des sangliers en Pologne... Kaitlyn Gaynor, l'une des auteurs de l'enquête, souligne que les mammifères ont commencé à devenir diurnes

* http://science.sciencemag.org/content/360/6394/1232

après l'extinction des dinosaures qui, eux, faisaient leurs petites affaires en plein jour. De là à dire que nous sommes des prédateurs ou des voisins aussi inquiétants et redoutables que les dinosaures, il n'y a qu'un pas. Nous faisons beaucoup de bruits, beaucoup de vagues et il nous est aisé d'oublier le règne animal quand on vit en ville, puisqu'il est parfaitement absent du quotidien urbain. Il ne fait irruption dans nos consciences que dans le cadre des rapports du GIEC, de reportages, de documentaires, ou de manière presque folklorique pendant les vacances, comme un agrément sympa qui dépayse. Alors, j'ai beau exercer mon libre arbitre par mes achats au quotidien, par une forme d'engagement politique que j'exprime dans mes romans ou mes articles, je sais bien que je reste un peu incarcérée entre les pierres des immeubles où il est possible d'ignorer totalement le rythme des saisons tant le végétal est absent. Disséminé de-ci de-là, ceint d'enclos de fer toujours. En ville, la « Nature » est encore l'œuvre de l'homme. Elle est contrôlée, domestiquée. On peut ainsi passer des années ou une vie entière sans la côtoyer telle qu'elle est véritablement : débordante et indocile. Il y a quelque chose d'étriqué dans tout cela. J'éprouve un soulagement à me trouver désœuvrée au bout de ce champ, à savoir que rien ne m'oblige à regagner la route qui trace son long sillon à quelques centaines de mètres sur ma droite. J'ai faim. Il va falloir refaire un feu. Je suis prête. Je vais casser de la bûchette avec allant. Je traverse le champ en sens inverse, pénètre à nouveau dans la minuscule forêt qui a abrité ma nuit. Frisson. Les degrés chutent. François est levé. Il me demande si j'ai bien dormi. Je lui dis que je me suis beaucoup réveillée. Il s'exclame que c'est normal ça. Mon cerveau est en alerte dans la nature, et ces réveils réguliers font partie du programme.

— Entre les réveils, tu as bien dormi ?

— Oui.

— Alors tu as bien dormi cette nuit.

Soit. Pour autant, je ne me sens pas d'humeur très loquace, et François est très bavard. Espérons qu'il ne soit pas du matin. Si, il l'est. Il est même très en verve et manifestement déterminé, consciemment ou non, à semer l'anxiété en moi. Au menu, herbes bouillies fraîchement cueillies et passage en revue des différents scénarios d'effondrement de la civilisation, tous imminents. François veut impressionner son auditoire, il prend ses aises dans le sensationnalisme et, les yeux ronds, les sourcils hauts, assène chacune de ses prédictions apocalyptiques comme autant de coups de marteau qui visent à me clouer au sol, au pilori, dans tous les cas à me terrifier.

— Ça va aller vite, tu sais. C'est toujours une histoire de conjonction d'événements, les effondrements. Ça peut être une pénurie alimentaire, couplée à une canicule ou à une crise sanitaire. Et après, c'est l'effet domino. Et là, je peux te dire qu'on a l'embarras du choix en matière de problèmes. Le réchauffement climatique, la stérilité des sols, la fonte du permafrost. C'est une cocotte-minute, ce monde-là. Et je sais comment sont les hommes. Ils sont copains un jour, ils se donnent des tapes dans le dos, et le lendemain, si les conditions ont changé, des voisins de palier s'entretuent. Ça va être très violent. Très, très violent.

Mais je tiens bon. Je savais déjà pour le réchauffement climatique, le permafrost, les sols… il ne m'apprend rien. Il est très approximatif par ailleurs. Il poursuit son monologue et égraine ses « analyses » comme des anecdotes, ne parvenant à laisser dans ma tête qu'une empreinte brouillonne et inintelligible. Mais elles font écho à ce que je sais, à ce que des climatologues, des scientifiques s'évertuent à répéter depuis des dizaines d'années. Le décalage entre la quiétude de la nature qui bruisse gentiment autour de nous et la violence des discours tenus par François est saisissant. Je vois bien qu'il en fait des caisses pour attirer l'attention, mais je sais aussi qu'il a un peu raison et, détachant mon regard de son visage survolté, le posant plutôt sur les rives sauvages, je me dis que la catastrophe est silencieuse. Que le chaos qui s'annonce s'avance à pas de velours, extraordinairement discret encore dans nos contrées. Des incendies, des inondations, des canicules vite oubliés, et le silence et la fraîcheur trompeurs s'installent à nouveau jusqu'aux prochaines catastrophes, de plus en plus promptes à revenir.

— J'ai peur des problèmes d'approvisionnement notamment, fais-je l'erreur de commencer. Mon compagnon a un problème de thyroïde et les médecins lui recommandent de la faire enlever. Seulement, il deviendrait alors dépendant à vie d'un médicament sans lequel il n'aurait plus que trois semaines à vivre. Quand je songe à l'effondrement, je considère la possibilité qu'il ne puisse plus se procurer cette molécule que des milliers de personnes prennent quotidiennement sans que cela soit un enjeu, alors que leur vie en dépend. C'est pour ça que je me dis qu'il vaut mieux être indépendant pour faire face à l'effondrement. Et cette histoire de médicaments m'inquiète beaucoup.

— Ben oui, mais c'est la sélection naturelle, hein.

Magnanime, je reste silencieuse pour lui laisser une chance de dire un truc moins péremptoire et plus empathique. Il ne la saisit pas.

— Ben oui, hein, la nature élimine les éléments faibles, c'est comme ça. Faut arrêter de l'oublier, quoi.

François enfonce le clou :

— Donc oui, il va mourir. Sans son médoc, il va mourir. Et encore, tu dis qu'il survivra pendant trois semaines, mais tu vas déguster pendant ces trois semaines.

Je le regarde sans réussir à articuler une réponse. L'usage du futur, et non du conditionnel, l'absence totale d'empathie, la condescendance... je suis affligée. Je ne sais pas comment on parle à un individu pareil. Je crois que je n'en ai jamais rencontré. Comment communiquer avec toi, petit survivaliste aigri ? Comment t'expliquer que c'est pas très gentil de dire à quelqu'un que l'homme qu'elle aime va mourir parce qu'il est un élément faible et qu'il y a pas de quoi pleurnicher ? Comment partager dans la bonne humeur la grosse semaine qui nous attend, alors même que je vois bien que tu ne crains pas l'effondrement, que tu le désires, que cette perspective donne un sens à ta vie et que tu te fous bien de la souffrance, de la misère qu'une pareille espérance implique ?

Manifestement, vivre au plus près de la nature n'apprend ni le tact ni la mesure. François avale une petite gorgée d'infusion.

— Tu habites où ?

— Je viens de quitter Paris, on a emménagé la semaine dernière en proche banlieue, à quelques minutes en train.

François ravive le feu en dodelinant du chef.

— Quoi ?

— Tu dirais que tu habites à plus ou moins dix kilomètres à pied d'une cité ?

— Ben oui, comme n'importe qui en Île-de-France.

François dodeline de plus belle en poussant des petits mmh-mmh. Il ménage son effet, il jubile.

— Non, c'est juste que tu feras partie des premières personnes à trinquer quand les choses commenceront à mal tourner. Un grain de sable dans le mécanisme, le manque, et l'homme montre les dents, il devient un barbare. Or c'est aux banlieues tranquilles comme la tienne que les mecs des cités vont s'en prendre en premier.

— Ah ouais ? Et qu'est-ce qu'ils vont venir me faire « les mecs des cités », comme tu dis ?

— Ben ils viendront se servir. Ils auront des kalachnikovs. Je peux te poser une question ?

Je me prépare au pire. Je suis en dessous du pire.

— Est-ce que, si les barbares sont à la porte de ta maison, que tu sais qu'ils sont armés, et qu'ils sont nombreux, est-ce que tu serais capable de tuer ta fille pour lui éviter un viol collectif ou un truc comme ça ?

— Tu sais que c'est un vrai plaisir de commencer une journée en ta compagnie, François ?

— Non, mais je te demande ça parce que tu peux toujours négocier. En tant que femme… Tu peux toujours leur ouvrir, et négocier.

— Je dirais que tu es vraiment l'ami du petit déjeuner, François.

Il n'est pas 10 heures *a priori* et j'ai déjà pensé à la mort de mon compagnon, au viol de ma fille de trois ans et demi et à l'éventualité de me faire passer dessus par une dizaine de types. J'étais plus heureuse seule dans mon petit champ tout à l'heure. J'oppose aux provocations de François une feinte décontraction. Mais j'ai mal au ventre.

Je lui en veux et déplore de me trouver dépendante d'un individu aussi malveillant. Je trouve ce premier petit déjeuner bien plus éprouvant que la première nuit passée au grand air. L'ennemi, c'est l'humain décidément. Je sais que Paris a trois jours d'autonomie alimentaire devant elle. Je sais que la petite couronne se trouverait bien dépourvue en cas d'effondrement, incapable de nourrir ses habitants, et que la faim rend méchant. Je poursuis la découpe méthodique d'une brindille que je suis en train de réduire en poudre. Je voudrais du silence, mais François parle toujours. Je ne l'écoute plus. Je me demande comment on a pu atteindre un tel degré d'incompétence et de dépendance. Je ne sais pas faire pousser de légumes, je ne sais pas assurer la subsistance de ma famille. Je me fournis dans une AMAP, ou des magasins bio. Quelle prouesse ! J'attends la becquée. Nous l'attendons tous, trouvons tous normal d'avoir délégué à d'autres le soin de nous nourrir, autrement dit de nous maintenir en vie. Comme le rappellent Pablo Servigne et Raphaël Stevens dans *Comment tout peut s'effondrer*, nous vivons désormais dans un monde hyperglobalisé où les systèmes sont si complexes qu'ils en sont devenus extrêmement fragiles, soumis aux possibles réactions en chaîne du moindre choc.

La rupture avec la nature, c'est aussi cela. La possibilité de se voir privé de nourriture en quelques jours.

Mais François ne cherche pas à être constructif. Il se prélasse dans l'horreur. Je sors de mon silence pour lui opposer les solutions auxquelles je crois, que je soutiens, dans lesquelles je souhaite m'investir dans les années qui viennent en m'engageant auprès des collectivités, j'évoque les fermes urbaines, la relocalisation de l'agriculture. D'après lui, rien que les barbares à kalach ne puissent piller et renverser. Soit, je viendrai pas te déranger dans ta maison imprenable, François, quand les barbares auront cueilli mes carottes. De toute façon, il m'a prévenue, je ne serai pas la bienvenue car je ne lui serai d'aucune utilité, je n'ai pas de compétences. Il a prévenu aussi ses amis incompétents, précise-t-il. Ils crèveront dehors, il ne peut pas se permettre d'ouvrir son pays de Cocagne à des incompétents. Ah, il va être beau l'effondrement avec des zozos comme lui. D'un tempérament solitaire, et fuyant d'ordinaire les êtres toxiques, je ressens un besoin particulièrement impérieux d'être seule, et une grande frustration à devoir admettre que ce projet est impossible. Je sais faire du feu pourtant maintenant. Oui, mais je n'ai pas d'embarcation, je ne sais ni où on est ni où on va, et surtout j'ai encore beaucoup à apprendre. Alors je fais des blagues, François rit et nous voilà repartis. Nous chargeons les sacs à bord du canoë, je verse un peu d'eau sur les dernières braises, les éparpille pour effacer les traces de notre passage, nous montons à bord de l'embarcation, puis en repoussant la rive du bout de la pagaie, nous nous éloignons de l'île.

Je ne sais pas combien de temps François a essayé de me terroriser mais le soleil est déjà haut et chaud. Je mets de la crème solaire. Je voulais bien jouer à souffrir des moustiques mais trouve peu intéressant de jouer avec mes grains de beauté et le cancer.

Mon dermatologue est formel, le soleil est mon ennemi. Je n'ai pas le droit de m'y exposer sans protection. Donc je triche. Déjà deux fois que les faits me rappellent que ma survie dans la nature serait compromise si je m'y retrouvais en jean-basket, les mains dans les poches. J'ai besoin d'un sac de riz et d'un indice 50. C'est ainsi.

Nous voguons. Doucement, nous voguons. J'enfonce bien ma pagaie, je tire fort mais nous voguons doucement. Nous prenons à droite, à gauche, la rivière est une déesse à mille bras. Certains sont étroits, on y distingue à peine le ciel, immergés qu'ils sont dans un tunnel de vert, dans un écrin végétal. Des ragondins plongent, disparaissent, d'interminables racines affleurent et sculptent les rives, j'évolue dans un tableau. L'humain est loin, il n'existe presque plus. Enfin si, il y en a un derrière moi qui jacasse. Mais hormis cet humain-là, je suis dans un royaume qui ne le concerne pas. Le soleil n'a plus de prise sur moi, la fraîcheur végétale repousse ses ardeurs. Ses rayons, en passant à travers les feuilles, diffusent une lumière verte, une lumière de chlorophylle. Je progresse à l'aveugle dans ce dédale étourdissant, pagayant avec zèle et abandonnée à la contemplation. Au bout d'une heure, ou de trois – j'ai perdu la notion du temps au fil de l'eau –, nous faisons une halte, amarrons l'embarcation à un arbre et escaladons une rive haute et limoneuse. Des éclats de voix me parviennent et me trouent le ventre. Des petits d'humains. Aucune envie de les entendre, de me représenter leur monde, leurs jeux, car je sais parfaitement ce que j'entends. J'entends les clameurs pas si lointaines d'une base de loisirs. Elles déchirent l'illusion, perforent le décor.

J'ai l'impression que chaque minute qui passe me rend plus intolérante aux manifestations de la civilisation. Toujours à l'orée, toujours à gratouiller. Je voudrais reprendre la pagaie, filer ailleurs. Mais je renonce à le dire. Je n'ai pas confiance en François, je veux éviter les frictions. Il souhaite faire une sieste. Bon. Le soleil, à son zénith, m'indique pourtant que l'heure est tout indiquée pour se sustenter. Apparemment encore un jour sans déjeuner. François prétend qu'il n'a pas besoin de déjeuner. Je pense qu'il a la flemme de faire un feu. Il se trouve que moi aussi. Alors je jeûne. Dans la nature, on assume. La flemme se paye. Très cher parfois. Certaines négligences peuvent être mortelles. Mais je sais que je survivrai à celle-ci. Je décide d'aller me promener. Difficile d'un seul regard d'appréhender le lieu et les possibilités de déambulations. Je suis dans une espèce d'étendue plate piquée d'immenses herbes sauvages et broussailleuses que je longe en direction des arbres qui la bordent. Les herbes sont un peu moins hautes sur les côtés. Je fais de grandes enjambées, redoutant les tiques et la maladie de Lyme. Je te crains, Nature. Et toi, tu me repousses. C'est fâcheux, j'avais bien besoin de me dégourdir les jambes, et de me noyer un peu entre tes feuilles. Mais tu ne te laisses pas faire. Arrivée presque au pied des arbres, je découvre qu'un petit bras d'eau m'en sépare. Un tronc étroit fait office de pont. Je prends le temps de la réflexion, avance un pied incertain. Non, je ne le sens pas. Le moindre déséquilibre me vaudrait des chaussures trempées pour une durée indéterminée. Ça n'est pas grand-chose pourtant, je sais bien que je suis capable d'aligner ces quelques pas d'équilibriste. Mais je ne me fais pas confiance. Ah, il est loin le temps où l'*Homo sapiens* gambadait des heures à travers les plaines, sautait des ravins sans y penser, escaladait des parois rocheuses la main et le pied sûrs d'eux, le muscle bandé, l'œil alerte. Le corps de l'*Homo sapiens* de 2018 est négligé. La sédentarité le ronge. Une étude publiée par Santé Publique France* révélait en 2017 que l'inactivité physique et la sédentarité liées à « un usage massif » des écrans touchaient un nombre alarmant de Français, le temps passé devant ces écrans ayant augmenté de 53 % depuis 2006. Selon l'Observatoire national de l'activité physique et de la sédentarité, le seul fait d'être assis plus de trois heures par jour est responsable de 3,8 % des décès. Or le temps passé sans bouger est estimé chez les quadragénaires à douze heures pour une journée de travail et neuf heures pour un jour de congé. L'*Homo sapiens* s'ankylose. Une journée où il se lève, fait trois pas dans son appartement, prend l'ascenseur pour descendre au parking puis sa voiture pour rejoindre le parking de son entreprise, puis l'ascenseur pour rejoindre la chaise de son bureau, qu'il ne quittera presque pas est typique de *sapiens*. Et il en meurt. Au-delà de dix heures par jour en position assise, le taux de mortalité augmente de 34 %. Nous sommes faits pour bouger, pour nous ébattre. J'ai toujours ressenti cet impératif. Je marche beaucoup, me déplace à vélo, cours deux ou trois fois par semaine. Pour autant, devant ce tronc étroit, je rebrousse chemin. Car je marche, je pédale peut-être, il n'empêche que mon corps est habitué à la ville, à y être une petite machine de guerre, qui avance, qui se

* https://www.santepubliquefrance.fr/Actualites/Bouger-plus-une-necessite-pour-les-Francais

faufile, qui encaisse les pressions et le contact pénible des corps inconnus dans les wagons bondés, il est ce corps rigide et peu enclin à sautiller, le pas ailé, sur un fin tronc d'arbre pour traverser l'eau. Ou peut-être est-ce moi qui ne lui fais pas confiance ? Qu'importe, les faits sont là. Je fais demi-tour. Mes ancêtres préhistoriques seraient affligés.

Je reprends ma promenade de ma démarche d'échalas grotesque. Cette fois, c'est une débauche de ronces qui m'accueille. Impossible d'aller plus loin. Je suis prisonnière du champ. Refoulée. J'ai chaud. Les enfants crient toujours. Au loin, François semble dormir. Je m'assieds là où je suis, un peu vexée. Nos vies citadines nous habituent à des trajectoires claires, à des chemins faciles à emprunter, au bitume plat sous les semelles. La nature que la main de l'homme a laissée tranquille est fouillis, chaos, épines, branches, embûches, elle ne s'offre pas. C'est armé d'une machette qu'on peut envisager d'y progresser. « Les hommes qui tracèrent les premiers un chemin entre deux endroits ont accompli là une des plus grandes performances humaines », a affirmé le philosophe allemand Georg Simmel. Notre liberté de déplacement implique la destruction. Nous avons recouvert nos villes de pétrole pour maintenir la nature hors d'état de nous entraver. Je m'émeus d'ailleurs souvent à la vue d'une touffe d'herbes coriaces sur une bouche d'égout, d'une plante qui, dotée d'une puissance improbable, a forcé l'asphalte qui s'est fendu pour la laisser s'élever. Nous coupons, nous recouvrons, nous rasons.

D'après WWF, c'est plus de 240 millions d'hectares de forêt que nous avons ratiboisés. On étend les villes, on aligne des plantations. En 2016, ce sont

l'équivalent de plus de 120 000 terrains de football de forêts qui ont disparu. Sur ces surfaces, on cultive du soja pour nourrir le bétail entassé dans des usines aux quatre coins du monde qu'on gave d'antibiotiques et qu'on s'arrache dans les supermarchés pour pas trop cher afin de cultiver nos cancers et la hausse des températures. Dans le même temps, la biodiversité de ces forêts est réduite à néant. L'hécatombe provoque le bouleversement des équilibres naturels. Les sols sont fragilisés, rendus plus vulnérables aux catastrophes climatiques causées par la déforestation, l'élevage… Qu'on ne nous reproche pas de ne pas boucler les boucles. On maîtrise l'absurde comme aucune autre espèce. Quand on fait n'importe quoi, on le fait jusqu'au bout. Quand on se suicide, on le fait avec style.

Et la nature se fout éperdument de nous. Elle nous est supérieure. Elle se remettra de nos abus, de nos affronts. Si nous venons à bout de l'auto-extermination que nous menons, elle se relèvera, elle colonisera nos villes en un rien de temps, elle reléguera nos délires de grandeurs, nos inepties au rang de mauvaise blague sans importance. Je veux penser, je voudrais ressentir que je suis la Nature, que c'est une erreur théorique de la concevoir comme « supérieure », comme une entité externe, je suis même là pour ça, mais en cet instant, ce qui me frappe, c'est l'opposition intrinsèque de l'humain et de son milieu. Vexée, vous dis-je. Peut-être est-ce le sursaut d'orgueil d'un type qui voulait se promener et que des ronces en ont empêché qui a causé l'inénarrable pétrin dans lequel nous nous sommes mis. En tout cas, je ne suis pas à mon aise dans ce champ. Noyée au milieu des herbes sèches, je ne vois

rien, bloquée par les ronces, je trépigne. La gaieté de la base de loisirs portée par le vent jusqu'à moi m'irrite. Je n'appartiens à aucun de ces deux mondes.

Je me sens un peu triste. J'ai l'impression d'avoir quitté mon quotidien depuis des mois. Cela ne fait que vingt-quatre heures. La ville ne me manque pas, mon confort non plus. Je ne sais pas nommer ce qui me rend amère. Le sentiment d'une impasse peut-être. Le chemin pour retrouver un rapport sain à la nature semble si long. Nous partons de si loin. Et l'urgence est si grande. La conscience de cette urgence et simultanément de l'inertie dont l'humanité fait preuve est parfois assez paralysante. C'est qu'il s'agit de se remettre de plus de deux mille ans de conditionnement, deux mille ans d'un rapport hiérarchique à la nature. Dans la Genèse déjà, Dieu exhortait les humains à se multiplier, à « remplir la terre » et à dominer toutes les autres espèces. Dans *Les Racines historiques de notre crise écologique*, l'historien américain Lynn White attribuait la crise écologique à la représentation d'une nature assujettie construite par la tradition judéo-chrétienne. Les détracteurs de White dénoncent une mésinterprétation de la Bible. Dans son encyclique de 2015, le pape François lui-même souhaitait apporter une correction fondamentale : il faut remettre les choses dans leur contexte et se souvenir que, en fait, Dieu voulait dire qu'il nous fallait « cultiver et garder » le jardin du monde. C'est pas de chance, ce gros malentendu. J'ignore si l'on peut attribuer le marasme dans lequel nous nous trouvons aujourd'hui à des passages ambigus de la Bible, mais il faut reconnaître que les religions monothéistes qui établissent une distinction entre la création de l'humain et la création du reste du monde ont balayé le paganisme de l'Antiquité. Et avec lui cette approche fascinée et respectueuse de la Nature que les Grecs observaient afin de comprendre l'ordre harmonieux du cosmos et d'y trouver leur place. L'humain devenu monothéiste se prenait moins la tête. Sa place, c'était le centre du monde et puis voilà. Seulement, une révolution scientifique lui causa une vilaine blessure narcissique. Les sciences du XVIIe siècle lui révélèrent en effet qu'il n'était pas le centre de l'univers, tout compte fait. Et qu'il se trouvait de surcroît sur une planète mouvante. Et que l'univers s'avérait infini. Pauvre chat, il était tout perdu, tout vexé après de telles révélations. Mais l'humain n'est pas du genre à renoncer à la mégalomanie comme ça. Il a trouvé une parade pour se singulariser, pour s'extraire : le *cogito*. Il est couramment admis (depuis Descartes) dans la philosophie moderne et contemporaine que l'homme, par sa pensée, échappe à la nature. Il n'est plus le centre de l'univers ? Qu'à cela ne tienne, il sera le centre de *son* monde. Il y aura lui, et autour, le reste. Ce qu'on finira par nommer « l'environnement » dans les années 1970. De quoi reprendre le contrôle, et poursuivre l'assujettissement, plus encore peut-être, en devenant selon la formule de Descartes « maître et possesseur de la nature ».

Une philosophie écologiste, l'écologie profonde, s'oppose tout particulièrement à cette conception utilitariste de la nature. Théorisée dans les années 1970 par Arne Næss, l'écologie profonde postule que tous les organismes et entités de l'écosphère sont égaux, que l'humain ne saurait se placer au-dessus de l'environnement ou le défendre en fonction de son intérêt et des usages qu'il en fait. Ainsi, l'humain doit s'interdire d'exploiter la diversité biologique, sauf pour satisfaire ses besoins vitaux. Au bout de cette ascèse, c'est la réalisation de Soi que promet l'écologie profonde qui appelle donc à l'abandon d'une vision anthropocentriste du monde, c'est-à-dire à un changement de paradigme total. On ne peut pas dire que son approche connaisse un écho tonitruant jusqu'à présent. Il semblerait que la doxa veuille au contraire que nous continuions à chérir notre déconnexion.

Pour autant, et malgré ma bonne volonté, j'échoue moi-même, dans ce champ, à ressentir mon inclusion, à m'identifier à ce qui m'entoure. Je suis dans l'inconfort depuis que nous avons accosté ici. Les herbes sèches piquent mes jambes nues. J'ai échoué à me promener, il fait trop chaud et il n'y a pas d'ombre. J'ai la gorge sèche. Je suis partie pour cette expédition toute prête à vivre une transformation presque chamanique. Une transe. Là, j'ai juste chaud et un peu mal au dos.

Ce qui me déprime, c'est peut-être aussi la Cassandre haineuse endormie là-bas. Je profite de son sommeil pour prendre quelques notes sur mon carnet. Puis François se réveille. Alors je demande avec une jovialité un poil exagérée :

« On y va ? » Il y consent. Nous détachons le canoë et repartons. Nous empruntons des voies plus larges. Le ciel si discret ces jours-ci, reprend toute sa place. Le contraste des couleurs est net, le tableau se fait géométrique. Franc, le bleu du ciel s'épanouit au-dessus de la verte horizontalité de l'eau, cernée par des arbres imposants, qui se suivent comme autant de grands coups de brosse bruns. La brise est tiède. L'eau et les arbres rafraîchissent l'air. François parle énormément. Je réponds distraitement à ses questions. J'ai appris à bloquer ses monologues parasites, à les recevoir avec une grande indifférence en tout cas, afin de ne pas troubler l'expérience, de laisser mes sens absorber le milieu avec gourmandise. C'est si rare de passer des heures et des heures, des jours et des nuits, sans croiser de piétons, de foule, de voitures, de boutiques, de maisons, de constructions. D'évoluer dans un environnement vierge de l'humain. Je plonge mon regard au fond de l'eau sombre, suis la trajectoire de la longue tige d'un nénuphar, me heurte à l'opacité. Je glisse les yeux du côté des rives, contemple les feuilles des arbres variés qui ondoient paisiblement sous le vent.

— Mais pourquoi t'as dit OK à une péridurale ? Tu sais que c'est de la manipulation. Ça engraisse les labos, c'est ça le projet. T'entends ?

— Hein ?

— Je comprends pas. T'as l'air éduquée. Pourquoi t'as fait une péridurale ?

Les feuilles, le vent joli, les merveilleux nuages ne font plus le poids. Ma faculté d'abstraction n'est pas si puissante. Et je ne sais pas être vraiment malpolie. Alors je réponds.

— Mais parce que je n'avais pas envie de connaître la douleur suprême, voilà. Parce que je manque de curiosité, certainement.

— Mais attends, c'est beau, les douleurs de l'enfantement. Ça a un sens.

— Ah ouais, tu as aimé ?

— Quoi donc ?

— Les douleurs de l'enfantement, t'as aimé ?

— Non, ben non, je les ai pas connues, mais je sais que si j'avais dû choisir, je n'aurais certainement pas souillé mon accouchement avec des produits chimiques.

— Tu aurais fait une femme très courageuse, François. Mais là, tu manques un peu d'un utérus pour que je prenne ton avis au sérieux.

Il poursuit. Il ne lâche pas le morceau. Espérant qu'il comprendra mon invitation à jouer au roi du silence, je lui demande si je peux cesser de pagayer un peu afin de goûter pleinement à la douceur du lieu, du temps, à cette quiétude tellement inhabituelle qui ne sait rien des horaires, des contraintes, ou des conventions. Nous ne froissons plus l'eau, elle ne dit plus rien. Et par miracle, François non plus. Le silence. L'air, velours sur le visage, le soleil à travers les paupières qui rend le néant rouge, de plus en plus rouge, et la peau chaude, les odeurs qui se succèdent : la vase, l'humus… Je ne suis plus du tout chagrine, je n'ai mal nulle part, je n'ai pas froid, pas trop chaud, on pourrait presque parler d'harmonie. Je sens un peuplier. Oui, je sens qu'il y a un peuplier à l'eau, pas loin. J'ouvre les yeux. Gagné. Je progresse. J'aiguise mes sens. Je touche, je manipule, je sens, j'écoute, je vois, bien sûr. À Paris, mes sens sont peu mobilisés. Ils sont agressés. Je ne les aiguise pas là-bas, j'ai tendance à les subir. Pour rien au monde, bien entendu, je ne souhaiterais être privée de l'un de mes sens. Il n'empêche qu'ils sont les vecteurs d'agressions, d'intrusions. Je subis l'odorat. Car à Paris, on ne mobilise pas son odorat pour repérer une source afin de se désaltérer, on reçoit rarement avec délectation les effluves des eucalyptus. Non, à Paris, on subit les émanations incessantes des pots d'échappement, les relents des poubelles, l'hystérie des enseignes de parfums, les fragrances toxiques des détergents, les haleines chargées des wagons bondés. On avance dans ce patchwork peu engageant où une puanteur chasse l'autre, où elles valsent parfois toutes ensemble. Et l'ouïe n'est pas mieux traitée. La cacophonie de la vie parisienne est proprement intolérable pour une paire d'oreilles venues d'un village tranquille. Vrombissement de moteurs, point-mort, première, point-mort, première, accélération vengeresse, klaxons, cris excédés, sirène de pompiers, sirène de police, efforts poussifs des camions poubelles, chute assourdissante du verre dans la benne, rumeurs d'escalators, d'ascenseurs, de radiateurs, de climatiseurs. Symphonie. Le silence est si rare qu'il en devient suspect si d'aventure il surgit. On hausse le ton dans la ville, c'est normal. On s'égosille. En rentrant de la crèche ou de l'école avec ma fille, combien de fois me suis-je excusée d'avoir à lui demander de garder ce qu'elle avait à me dire pour plus tard parce que je ne l'entendais pas ? On ne s'entend pas parler, les oiseaux en ville ne s'entendent plus chanter. Et de fait, s'y éteignent. Une récente étude menée par l'Académie nationale des sciences américaines a révélé que le brouhaha urbain amoindrissait le taux de reproduction des oiseaux. Car ceux-ci draguent en chantant, c'est bien connu. Seulement, au milieu de notre boucan, ils sont obligés de chanter plus fort pour tenter de séduire, or ce chant désespéré serait moins séduisant et le volatile moins désirable. Par notre faute, les oiseaux concluent moins. Les tests sanguins réalisés sur les femelles vivant en ville ont établi en outre qu'elles étaient anormalement stressées, s'obligeant à une vigilance constante, car le bruit ambiant les empêche d'entendre les prédateurs qui approchent. Quand malgré tout, elles parviennent à se reproduire, leurs oisillons naissent plus petits et moins plumés.

Selon d'autres recherches, certains oiseaux quittent carrément les villes. Un peu oiseau moi-même, c'est bien la pollution sonore, olfactive, atmosphérique qui m'a décidée à quitter Paris. Je ne suis pas partie très loin, mais suffisamment pour m'entendre mieux chanter. Et je crois que l'œil de l'urbain est fatigué. D'abord, la ville lui interdit de se projeter trop loin. Au milieu des immeubles, le regard se cogne aux façades, les perspectives sont rares, le ciel fragmenté, l'horizon absent. Le monde n'est plus vaste en ville. Il est ailleurs, il est une disparition. En revanche, la publicité règne, elle a fait de la ville une vulgaire vitrine. L'œil est matraqué. La rue et le métro soumettent à notre vue des milliers de publicités. D'après l'association RAP (Résistance à l'agression publicitaire), nous sommes exposés en ville à 2000 messages publicitaires par jour, 800000 par an, qui, précisons-le, sont le fait de 550 annonceurs seulement. Ces derniers se partagent allègrement le marché et nous imposent leurs produits, et plus largement leurs visions du monde. Et la publicité est désormais mouvante. Plus seulement sur le flanc des bus, mais sur des écrans qu'il est encore plus difficile d'ignorer. Le mouvement de l'image en effet vient titiller notre cerveau reptilien et stimuler notre instinct de prédateur. Triste prédateur, qui rentre chez lui le ventre vide, mais la tête pleine de slogans, de promesses, de logos, qui n'est qu'une proie en réalité. Prendre le métro, c'est être pris au piège. Il est toujours possible de détourner le regard, je m'y emploie depuis des années, mais c'est épuisant de protéger sa vue de la sorte. Cela demande une vigilance de chaque instant. Une seconde d'inattention et hop, on se retrouve avec un iPhone. La vue est aussi parasitée par ce qu'on choisit de regarder. L'humain baisse beaucoup la tête ces temps-ci. Penché sur de petits écrans, tuant le temps en jonglant avec des bonbons, des chiffres ou des briques, pourvu que ça brille, en scrollant la vie des autres, en guettant, en espérant les voyants rouges qui disent « je t'aime », qui disent « tu existes », qui l'en convainquent en tout cas, et le rendent accro, l'humain s'isole. Isolé de la nature dans la ville. Isolé de la ville dans l'écran. Il a intégré l'inconfort, la saturation toxique des sens comme une fatalité. C'est la norme, et la norme, on l'encaisse et puis c'est tout. Nous avons une faculté d'adaptation exceptionnelle, mais celle-ci est telle qu'elle nous fait accepter l'inacceptable, qu'elle nous fait plisser le nez, les yeux, courber l'échine.

Ici, il n'y a rien à vendre, et c'est reposant. C'est vert, calme, redondant. Mais ce ronron me plaît. Je n'exclus pas qu'il me lasse. Pour l'instant, il m'apaise. Il redonne de la valeur aux sens, leur permet de s'exercer comme il se doit, et non par réaction à d'incessants stimuli agressifs ou artificiels.

Je ne regarde plus l'heure. J'aime cette désorientation spatio-temporelle. Elle est inédite et enivrante. Autour de moi, le vert continue d'exercer son empire. Sur l'eau, nous traversons des tunnels de jungle, puis émergeons, à nouveau offerts au vide, gardés de part et d'autre par des rangées de peupliers oscillant dans le vent, ou d'arbres centenaires inébranlables. Nous quittons derechef cet axe central pour nous engager sur un petit bras de rivière abrité par la canopée, il me semble que le soleil est encore assez haut. Je dirais qu'il est 4 heures. Je n'en suis absolument pas sûre. En ville, j'ai une excellente notion du temps. Je sais quand une heure s'est écoulée, je sais toujours à peu près indiquer l'heure. Ici, je ne sais plus. Le soleil est mon seul indicateur et je ne parviens pas très bien à le lire. C'est ainsi qu'à une heure indéterminée mais encore jeune nous accostons une île. Je connais la marche à suivre désormais.

Feu ? François me dit que c'est inutile, qu'il est encore trop tôt.

Repérage des lieux. L'île est minuscule. On peut en embrasser la totalité d'un seul coup d'œil. Ce tout petit terrain émergé, noyé par ailleurs de toute part dans la végétation, me rendrait presque claustrophobe. À une extrémité de l'île s'échappent deux bras d'eau au milieu d'une forêt dense, haute et étagée. À l'autre extrémité, la rivière ne forme plus qu'un seul cours et s'échappe, de plus en plus large, entre les arbres. Elle est barrée à une dizaine de mètres par un peuplier tombé de tout son long. La chute n'est pas récente, le tronc commence à pourrir. Des canards, deux par deux, le contournent.

Installer de quoi dormir. J'accroche mon hamac entre deux arbres. Ma couche sera plus exposée ce soir, il y a moins de feuillage au-dessus. Et nettement plus de moustiques. J'ignore à quoi cela tient. Le biotope me semble assez comparable à celui dans lequel nous nous sommes établis la nuit précédente, pourtant, ici, la guerre est déclarée, je le comprends rapidement, et crains que ma nuit ne soit très perturbée par ces petites saloperies stridentes. François me charge d'aller chercher des herbes pour le dîner. Je quitte l'île d'un coup de pagaie et trouve, derrière une rangée d'arbres qui s'avère assez peu fournie, un champ sauvage. Je cueille. Il faut de quoi embraser.

Je ramasse donc du sec. Puis m'aventure plus loin. J'ai besoin de mouvement, de pas, de marche. Je tombe sur un champ de maïs. La civilisation décidément me colle aux basques. Je m'arrête à l'orée du champ. Cette esthétique de l'alignement, de l'industrie, du gigantisme, tranche violemment avec le fouillis dont je sors. Recrachée dans le monde des humains, je suis un peu triste. De le savoir si près, de le voir si laid. Ces épis bien rangés me dépriment. Ils disent à eux seuls l'erreur et le fourvoiement. Car ce champ et son ordre maniaque transpirent la pétrochimie. Le sol y est presque gris, je reconnais l'un de ceux que l'agronome flegmatique Claude Bourguignon montre dans le documentaire de Coline Serreau, *Solutions locales pour un désordre global*. L'un de ces sols morts, où plus aucune activité organique ou microbienne n'a lieu, où par conséquent, ce qui y pousse ne le fait que parce qu'on le gave de potion toxique. La monoculture est une aberration qui, en niant le fonctionnement des écosystèmes, dit parfaitement la déconnexion de l'humain et de la nature.

Les moustiques m'ont suivie. Ils sont aussi nombreux. Leur gang maudit me prend en filature entre les épis, puis sur le chemin boueux sur lequel je débouche. Accélérer est peine perdue, ils sont mon ombre, ils sont en nombre. Des claques, des claques, des claques, je n'arrête pas de me frapper, maculant mes bras et mes jambes de petites taches rouges, mon propre sang. Les moustiques sont des monstres. Ils rendent fous. Je fulmine, incapable malgré mes grands pas, d'échapper à mes agresseurs, et je m'efforce de repérer les herbes identifiées la veille. Je trouve du plantain et des orties. J'échoue à cueillir ces dernières sans me piquer. Elles se fichent cette fois encore dans la pulpe de mes doigts et font éclore les fameuses petites cloques blanches tant redoutées. Je me sers de mon T-shirt pour poursuivre ma cueillette. Je suis incapable de trouver d'autres plantes vues la veille. Il y en a beaucoup autour de moi mais je ne les reconnais pas. Touriste toujours, je ne maîtrise pas la langue. Je ne sais pas lire mon environnement. Je me promets d'y arriver un jour. Les moustiques et moi rebroussons chemin. Arrivée près de l'île, j'entends François qui m'appelle.

« Je t'avais dit, c'est toi qui tues le dîner aujourd'hui. » Une perche gigote au bout de la ligne. J'accours, il ne faut pas la laisser comme ça. Je dis à François qu'il me prend au dépourvu, mais il a l'air de tenir à ce que ce soit moi qui procède à la mise à mort. Pas le temps de tergiverser, je ne supporte pas de voir cet animal se tortiller dans cette antichambre sordide de la mort.

Le cœur battant, je demande :

— Mais je fais comment ?!

— Tu prends ça, me dit-il en me tendant un bâton.

Il pose le poisson à terre. Celui-ci convulse en ouvrant grand une bouche avide. Je saisis le bâton et je frappe de toutes mes forces en laissant échapper un cri guttural de catcheur. J'ai visé et atteint la tête. Je n'attends pas, je récidive. Haut le bâton, je cogne encore.

— C'est bon, c'est bon, c'est bon, oh là là, tu l'as eu là. Un coup suffisait ! s'exclame François.

— Mais il bouge encore !

Des spasmes en effet agitent encore la perche. Ils sont post-mortem, m'assure François. Puis il ajoute : « Dis donc, t'as ça en toi. » Je ne crois pas, non. Je ne sais pas si j'aurais réussi à asséner le coup si la bête avait eu des poils, un petit museau. Même pleine d'écailles, la voir agoniser m'a fendu le cœur. Il fallait faire vite et bien, voilà tout, achever les souffrances. Je regarde mon œuvre. Le poisson a la tête éclatée, le coup que je lui ai porté a fait rentrer son œil dans l'orbite. Voilà, j'ai tué le dîner. C'est la première fois que je tue mon dîner. Je n'ai même pas faim. Je me dis que maintenant, il faut le vider…

Je me nourris de bon cœur devant le feu crépitant. Je ne pense plus à la tête explosée, ni à l'œil enfoncé, je consomme la chair blanche de la perche avec appétit, j'ai faim. Comme prévu, François a sorti son petit sac de riz, a jeté une poignée dans l'eau bouillante pour ajouter des calories au bouillon d'herbes. Cela donne une bouillie assez insipide. J'ajoute à chaque cuillérée des feuilles de pissenlit crues pour donner un peu de saveur à la mixture. Nous buvons à la gourde l'eau de la rivière pompée grâce à la Suisse. J'ai encore le droit à deux, trois prévisions réjouissantes sur la fin du monde. Une histoire de modification du champ magnétique et d'axe du soleil qui vont aggraver le réchauffement climatique. Je l'écoute sans tout comprendre, en scrutant la hargne qu'expriment ses petits yeux noirs, et le calme feint de ses grosses mains brunes. François n'est que tension. Les moustiques, quant à eux, sont déchaînés et ne me laissent aucun répit, dévorant mes jambes, mes bras, le bas de mon dos. Les piqûres et ces nuées vrombissantes sous mon nez, commencent à sérieusement attaquer mes nerfs. Je vais me changer, troque mon short contre un jean que je rentre dans de grandes chaussettes et j'enfile une polaire que je rentre dans mon jean. Venez me chercher maintenant, bande de petits bâtards. Ils viennent. Tournent autour de mon nez, piquent ma nuque. Je détache mes cheveux. Mes tourments amusent beaucoup François que mon succès auprès des moustiques protège de leurs assauts et qui, décidément, est un garçon peu enclin à l'empathie. Je revis avec nostalgie ce moment où, devant le rayon « insecticides » d'un magasin bio, j'ai jugé que ce serait de la triche d'en emporter un. Pour que l'expérience soit la plus riche possible, je devais me livrer à la nature sans parade. Misérable. François se délecte du récit d'un épisode sanguinaire de la guerre serbo-croate qu'il me détaille afin d'illustrer la débauche de violence qui nous attend lorsque tous les humains auront faim. Pas d'antimoustiques, la promesse du pire, la fatigue de la journée, c'en est un peu trop pour moi. Je pars me réfugier dans mon hamac, résolue à profiter du calme, des tintements doux de l'eau et du vent, de la lumière déclinante, espérant que mes minuscules et nombreux ennemis auront le bon goût d'aller se coucher, ou de s'en prendre à François pour changer. Je n'y crois pas et avance craintive vers ma couche. Des nuées m'attendent déjà. Je ne sais pas grand-chose de la survie mais je connais néanmoins une de ses règles d'or : le plus important, c'est le mental. Jusqu'à présent, je n'ai pas vraiment le sentiment de l'avoir sollicité. Le temps est clément, je me nourris, je ne peux pas vraiment me perdre puisquc j'ai un guidc. J'étais presque déçue d'avoir aussi peu à faire appel à ma force de caractère. Mais la voilà, mon épreuve, la voilà l'occasion d'exalter mon endurance et mon mental : LES MOUSTIQUES. Je tente de les chasser par d'amples mouvements des bras, et monte dans mon hamac. Je suis Sisyphe. Ils reviennent, bien sûr, par centaines, indifférents à mes gestes désespérés. Je tente de les ignorer, puisqu'il n'y a plus que ça à faire. J'envoie un sms à mon compagnon, des émoticônes à l'attention de ma fille, qui ne lit pas encore. J'ignore les petits ronds rouges sur les icônes des applis. Ils ne provoquent rien, ils continuent d'être inopérants ici. Je ne clique pas. Je m'affale dans mon hamac, la tête penchée vers la rivière, sa rive montante et luxuriante. Le ciel est rose. Je ne fais rien. Je prends cette activité très au sérieux. Mon oisiveté embarrasse les moustiques. Ils sont partis. C'est miraculeux. Je vais pouvoir dormir. Je regarde mes mains. Mes ongles sont sales, malgré ma petite toilette savonneuse dans la rivière tout à l'heure. Avoir les ongles sales dans l'espace urbain est inconcevable pour moi. C'est abriter la crasse de la ville, de ses habitants grouillants, c'est un symbole de promiscuité, et de maladies en puissance. Je ne me tiens jamais à la barre du métro, les jambes obstinément arquées pour pallier le risque de chute. Je tiens bon, les mains dans les poches.

Mais sous le ciel rose, au bord de l'eau, au milieu de nulle part, et pourtant tout près des gens, ces ongles sales me rendent fière. Une odeur de viscères y persiste. Je m'en serais passée mais cela ne me dégoûte pas. Le froid tombe. Et moi avec lui.

Je suis réveillée en sursaut par le ballet aquatique d'un gros ragondin. Je ne distingue que sa silhouette dans la nuit, tache sombre et agitée. Je connais encore plusieurs réveils mécaniques : l'œil qui s'ouvre, scanne les alentours, se referme. Je m'adapte. Les ombres de la nuit me deviennent aussi familières que la profusion ensoleillée de la végétation.

Je me sens tout à fait reposée au réveil. J'ai anticipé le froid et couvert mes reins d'un pull supplémentaire. Cela s'est avéré très efficace et, d'un pied alerte, je saute de mon hamac dans la fraîcheur du matin. Les moustiques m'ont bel et bien laissée en paix. Ils ont des horaires semble-t-il. Quelle bénédiction. François n'est pas encore levé. Je suis bien contente de pouvoir ravir quelques instants de solitude avant la journée en commun. Je me demande quel récit horrifique il va bien pouvoir me sortir ce matin. Je n'ai aucune hâte de le savoir. Il faut faire le feu. Cette routine m'accable un peu. Mais il faut que je mange et je boirais bien quelque chose de chaud. Bref, inutile de ronchonner, il faut vaincre la flemme, se baisser, ramasser, taper pour couper, amasser, aérer, frotter, souffler. Il faut faire un feu.

François se réveille. Il fournit de la farine, de l'eau et quelques herbes sèches pour faire une infusion dont la perspective me met en joie. Jusqu'à présent, la vie dans la nature est assez plate d'un point de vue gustatif. Une infusion et du pain de bon matin, c'est un feu d'artifice pour le palais. Avec l'eau, la farine, une vieille boîte de sardine et un bâton, nous fabriquons une pâte à pain que nous disposons directement sur les braises, sous forme de galettes épaisses. Elles sont carbonisées en plusieurs endroits lorsque François les juge prêtes. Il m'indique que les parties brûlées sont de puissants antidiarrhéiques. Je ne trouve pas ces propriétés indispensables en l'occurrence et me permets de dire que j'ai appris qu'elles donnaient le cancer aussi. Tout est question de dosage, me répond François. Je dévore le pain avec gourmandise. Il me paraît extrêmement sophistiqué. Les petites gorgées d'infusion le subliment. C'est un petit déjeuner de roi. Antidiarrhéique de surcroît. Des bruissements se font entendre au bout de l'île. De l'autre côté de l'eau, apparaît une biche. Nous ne bougeons plus d'un cil et ne soufflons mot. Elle ne nous voit pas et entre dans l'eau. Ses pattes fines, son corps fuselé y disparaissent. Je la regarde, incrédule. Décidément, tout le monde sait nager ici. Aussi gracieuse dans l'eau que sur terre, elle glisse dans notre direction, la tête altière, elle contourne finalement notre île et disparaît, improbable apparition. François n'avait jamais vu une biche nager, il décrète que j'ai la cote avec les animaux. Mais oui, quand j'étais petite, je me persuadais que nous nous comprenions. Toute escapade dans la nature, généralement chez ma grand-mère paternelle, était l'occasion d'une fantasmagorie dans laquelle je faisais corps avec cette nature vibrante et personnifiée que je m'inventais. Michel Maxime Egger rappelle dans *Soigner l'esprit, guérir la Terre*, que le genre Homo a vécu en synchronicité avec la nature pendant 2,4 millions d'années, soit plus de 80 000 générations, et souligne que notre actuel rapport déséquilibré à celle-ci correspond seulement à trois centièmes de la vie humaine sur terre. Il n'est donc pas surprenant que les jeunes enfants, ces êtres encore relativement vierges de tout conditionnement, trouvent dans la nature un formidable terrain de jeu. Seulement, les enfants eux aussi sont fatalement moins en contact avec elle et advient ce que le psychologue de l'environnement Peter Kahn nomme « l'amnésie environnementale générationnelle ». Il la définit dans un texte publié en 2002. Elle désigne le fait que, générations après générations, nous nous habituons à un environnement de plus en plus dégradé, à une nature de plus en plus lointaine, oubliant tout à fait ce qu'ils furent, considérant les dégradations et l'absence comme une norme acceptable. La chercheuse Anne-Caroline Prévot a visionné, dans le cadre d'une étude publiée dans *Public Understanding of Science*, soixante-dix longs-métrages Disney, de *Blanche-Neige* (1936) à *Raiponce* (2010) afin d'analyser les représentations de la nature au fil du temps. Le résultat confirme l'amnésie. La durée des scènes représentant la nature est de plus en plus courte, le nombre d'espèces représentées dans les décors de plus en plus faible. À partir des années 1980 apparaissent même des films dans lesquels on ne trouve plus d'animaux ou d'éléments de nature. Le Paris des *Aristochats* (1970) par exemple est très arboré tandis que celui du *Bossu de Notre-Dame* (1996) se trouve privé de végétation. Avec cette étude, la déconnexion de l'humain et de la nature prend un tour très concret. L'imaginaire des dessinateurs, des scénaristes s'atrophierait sous le poids de la vie urbaine. Et la nôtre aussi, inévitablement. Il convient donc d'être très vigilant pour ne pas perdre la tête tout à fait. Encore un peu émerveillée par l'apparition majestueuse de la biche, je me dis qu'en effet, jamais je n'aurais cru assister à cette scène. Je ne savais pas qu'on pouvait dormir au creux d'une petite jungle française, au bord de l'eau, et voir au réveil une biche s'y baigner. Ma représentation du monde excluait cette possibilité, ne la considérait même pas. Car j'ignorais que ce dédale végétal indépendant, préservé des assauts de l'humain, existait en France. Il a beau être cerné par les champs agricoles et les départementales, il est là, bordélique et silencieux. Et il me semble à cet instant absolument indispensable de le préserver autant que de le connaître. Je m'en repais, scrute la petite forêt qui se déploie en face de moi, de l'autre côté de l'eau, observe la bataille que se livrent les arbres pour aller chercher les rayons du soleil, dressés, rivalisant d'élancements. Ils sont vigoureux en ce mois de juillet, leurs nombreuses branches sont densément fournies. Dodus, ils évoquent l'abondance, forment ensemble un joyeux camaïeu de verts. Le soleil monte et ses rayons m'atteignent enfin. François me raconte en détail l'extermination d'une famille entière par la CIA, et comment un photographe qui avait été conduit là les yeux bandés et ignorait dans quel pays il se trouvait a dû prendre des clichés du massacre, attaché avec une corde par la taille à un agent, afin d'être au plus près de la scène. Je ferme les yeux et m'allonge pour profiter pleinement du soleil.

Puis il faut à nouveau lever le camp. Cette routine de l'itinérance est un peu pénible. D'autant que nos déplacements ne provoquent jamais vraiment de changement de décor. Par moments cela engendre une impression de jour sans fin. Le canoë, le feu, la nuit dehors, ont rejoint le monde des habitudes. En à peine trois jours. Je m'étonne de cette accoutumance. Mais je n'ai pas envie d'écourter le séjour, je tiens à aller jusqu'au bout. François est mon épreuve. Je suis cordiale mais n'en pense pas moins, et c'est un effort pour moi de continuer à le suivre dans les tunnels de vert, de rester souriante, de feindre l'écoute. J'ai l'intuition que mon accoutumance serait bien plus plaisante si j'étais seule. Enfin, c'est comme ça et, après deux heures à glisser sur l'eau, nous faisons une nouvelle halte, grimpons sur la rive. Il ne s'agit pas d'une île cette fois. Sur une étendue d'herbe abritée du soleil par plusieurs hauts peupliers, je sors la popote car j'ai vraiment faim et ne peux faire à nouveau l'impasse sur le déjeuner. François m'apprend à me servir de l'amadou pour lancer le feu. Nous en découpons une fine tranche (l'amadou fait facilement la taille d'un potiron). Sous l'écorce blanche, je découvre une texture duveteuse, une espèce de velours brun. Deux coups de couteau sur le firesteel suffisent pour que l'étincelle soit capturée par le champignon. Il la transforme aussitôt en une minuscule braise fumante qui gagne tout doucement les fibres. Je suis les consignes de François et place le morceau de champignon au cœur d'une boule d'herbes sèches qu'il a confectionnée. Puis je souffle. Une épaisse fumée s'échappe. Il faut être très régulier, faire en sorte que le souffle s'interrompe le moins possible. Avec patience, je souffle, et enfin une flamme naît au cœur des herbes. Je pose doucement ma petite boule de feu sur mon tas de bois. Victoire.

François, survivaliste connecté, lit ses mails sur son téléphone tandis que je fais bouillir notre déjeuner. J'engloutis sans plaisir une bonne ration de riz et d'orties.

Comme après chaque repas, je rince dans la rivière le pot dans lequel a cuit le riz et dans lequel nous avons pioché à tour de rôle. Puis je pompe de l'eau dans la rivière pour remplir à nouveau la gourde et pars me dégourdir les jambes. Après quelques minutes de marche, je découvre un ragondin pris au piège dans l'une des dizaines de cages disposées en bordure d'un champ de maïs. Jusqu'à présent, j'ai vu des ragondins d'assez loin, et dans l'eau, gros rat d'apparence visqueuse, doté d'une longue et épaisse queue et de grandes dents orange. Animal assez peu séduisant à mon sens. Mais vu de près, celui que je nomme spontanément Michel est touchant. Il n'est pas visqueux. Il a de longs poils très drus et un mignon minois. Il a l'air d'une grosse souris ou d'une loutre. Il a l'air mort aussi. Je lui parle mais il garde les yeux fermés et ne semble pas respirer. Je ne sais pas quoi faire. Si, par hasard, il faisait juste de l'apnée du sommeil et était bien vivant, je serais ennuyée de l'abandonner à son sort car il ne faut pas être grand clerc pour déterminer qu'il est assez funeste. Il y a une sorte de trou dans le haut de la cage qui semble conçu pour accueillir le canon d'un fusil. Pauvre Michel. En même temps, approcher les mains de la cage me semble tout à fait inconsidéré. Michel vivant pourrait bien m'arracher un doigt avec ses vilaines dents orange. Ah, ses moustaches frémissent. Ses flancs remuent. Michel est en vie. Il faut sauver Michel. Faute d'inspiration, je pars demander de l'aide à François. Lorsque je lui raconte ma découverte, il se redresse, l'œil brillant. Il s'agit de l'éclat de l'œil du chasseur mais ça, je ne le comprends pas tout de suite.

— Je voudrais qu'on libère Michel.

François me regarde, interdit. A-t-il bien entendu ? Suis-je bien en train de lui demander, à lui, un survivaliste, mon coach en survie, de libérer trois kilos de protéines ?

Oui, c'est bien ce que je viens de faire.

Il se lève et attrape un objet au sol. Je crois d'abord qu'il s'agit de son appareil photo. Je réalise, quelques pas plus loin, que c'est son couteau. J'établis qu'il l'a pris par réflexe, parce qu'il ne se déplace jamais sans, parce que la paranoïa régit sa vie. Dans le doute, je lui demande quelles sont ses intentions. Il me répond que je lui ai confié vouloir tuer un animal, que c'est une occasion rêvée. Non, non, non, ouh ! là, là, je ne le conduis pas à Michel si c'est pour l'occire. Je me dégonfle, je ne veux plus tuer d'animal. J'ai explosé la tête d'un poisson, c'est déjà pas mal. Je ne me vois absolument pas m'accaparer la vie de Michel. Ça n'aurait aucun sens. Les choses seraient peut-être différentes si la faim me tenaillait, mais je n'ai pas faim. Je retrouve la civilisation la semaine prochaine, je n'ai aucune raison valable de tuer Michel. Éprouver la difficulté qu'il y a à ôter la vie n'est pas un enjeu suffisant. La chose m'apparaît comme un caprice. C'est l'occasion en revanche de prendre la pleine mesure de l'hypocrisie dans laquelle vivent la plupart des humains. La mort est l'incontournable tabou de nos sociétés. La rendre invisible, c'est effacer un peu de sa réalité. C'est pourquoi nous parquons nos vieux dans des mouroirs isolés du monde des vivants, c'est pourquoi on sait si peu de choses des abattoirs. L'association L214 a fait beaucoup pour rendre visible l'invisible. Condamnée pour l'installation de caméras dans les abattoirs, elle a révélé la souffrance, les étourdissements ratés au nom du rendement. J'ai changé mes habitudes alimentaires il y a plusieurs années, après le visionnage de *L'Adieu au steak*, un documentaire qui dévoilait les réalités que recouvrait l'élevage intensif. De ce jour, je n'ai plus avalé de viande dont j'ignore la provenance. J'en mangeais déjà fort peu, je n'en mange plus que très rarement. La maltraitance animale n'est pas une nouveauté. Yuval Noah Harari rappelle dans *Sapiens* dans quelle ambiance a débuté la domestication des animaux, il y a environ 10000 ans. Sans sentimentalisme disons, mais avec des cages, des harnais, des piques ou des mutilations. Pas de chichis. Aujourd'hui, entre 60 et 142 milliards d'animaux sont tués chaque année dans le monde pour la consommation humaine*. Alors, on fait encore moins de chichis.

On castre à vif, on meule les dents, on coupe les queues, les becs, sans anesthésie, on entasse tout ça dans des enclos où le moindre mouvement est impossible, on gave tout ce beau monde d'antibiotiques parce que la promiscuité est nocive pour la santé, pour produire du lait, on insémine des vaches à la chaîne, qui hurlent ensuite à la mort quand on leur arrache leurs veaux, pour les inséminer à nouveau, on broie vivants les poussins mâles, simples déchets, parce que ça sert à rien les poussins mâles, on découpe des vaches encore vivantes parce que l'étourdissement n'a pas fonctionné mais que le temps, c'est de l'argent.

PAS. DE. CHICHIS.

---

* https://www.planetoscope.com/elevage-viande/1172-nombre-d-animaux-tues-pour-fournir-de-la-viande-dans-le-monde.html

À considérer ce massacre à grande échelle, on comprend parfaitement que l'animal est devenu un bien de consommation comme un autre. Notons au passage que cette consommation a un coût environnemental dramatique : l'élevage dans le monde est responsable de l'émission d'environ sept milliards de tonnes de CO_2, soit plus que les activités des États-Unis et de la France réunis. Autant dire que changer de régime alimentaire est tout simplement une question de survie.

Toujours est-il qu'il m'arrive encore de manger des animaux. Je me donne bonne conscience en ne mangeant que ceux qui viennent de petits élevages « responsables », mais ça reste des animaux morts. Et que sais-je de la façon dont on les a tués ? Puis-je prétendre avec certitude que ma consommation exclut la souffrance ? Non. Or, à quelques mètres de Michel, voilà que je flanche quand il s'agit de le tuer. Nous vivons dans l'illusion de l'abstraction, dans l'illusion offerte par la société de n'être pas responsables de nos modes de vie. Nous avons intériorisé l'irresponsabilité. Parce que c'est confortable, parce que ça fait marcher l'industrie et rentrer les profits.

En pleine nature, on n'a plus l'opportunité de se cacher derrière son petit doigt. Michel est bien là. Il n'a rien d'abstrait. Et je déploie des trésors de persuasion pour voir s'éteindre l'éclat de la prédation dans l'œil de François, qui, lui, a le mérite d'assumer le fait de tuer pour se nourrir. J'y parviens. Écœuré et étonné de céder, il accepte de m'aider à libérer Michel. Nous essayons de comprendre le mécanisme du piège. Le clapet n'est pas si difficile à ouvrir mais Michel s'est réveillé tout à fait et ne nous facilite pas la tâche, terrorisé qu'il est. Il bondit, se jette contre les parois de la cage, feule, montre ses fameuses grandes dents orange. Je ne suis pas fière et pas d'une grande aide, je le crains. Après quelques gestes maladroits et inutiles, je me cantonne à des encouragements. Après de longues minutes pendant lesquelles ce pauvre Michel s'épuise en vaines démonstrations de force, François parvient à stabiliser le clapet en position ouverte. Michel ne comprend pas tout de suite. Il recule enfin et se retrouve hors de la cage. Ne comprend toujours pas. Puis percute. Et alors, au lieu de fuir, il a un geste étrange, dont même François reconnaîtra qu'il avait quelque chose d'un salut reconnaissant. Michel ne part pas tout de suite, nous regarde, lève ses petites pattes plusieurs fois près de son museau, puis bondit et disparaît dans les fourrés. Cette disparition est suivie d'un joyeux plouf. Michel est de retour dans la rivière. Il est vrai que je m'étais promis, si l'occasion m'en était donnée, de tuer un mammifère. Je viens de faire l'inverse, et cela me satisfait énormément. Je vois bien que François est assez content lui aussi. Je considère que c'est une bonne journée. Elle s'écoule gentiment jusqu'au soir. Michel et sa liberté retrouvée l'ont teintée d'une belle légèreté et ont (temporairement en tout cas) épuisé les sujets de conversation anxiogènes de François qui, en la matière, fait une pause salutaire.

À flots, nous nous mettons à chercher un endroit éligible pour cette troisième nuit. Nous jetons notre dévolu sur une rive qui, cette fois, ne ressemble pas à celle d'une île. Je perçois un vent mauvais lorsque nous accostons. Des nuages s'accumulent dans le ciel. J'ai pour une fois une large vue sur celui-ci car nous faisons escale au bord d'un bras de rivière bien plus large que ceux sur lesquels nous avons passé les nuits jusqu'à présent. Je saute du canoë et fais mon petit tour de reconnaissance. Les lieux ressemblent plus que les précédents à une grande forêt. S'il y avait quelque chose de sylvestre dans les précédents campements, les « forêts » étaient toutes petites et ceintes d'eau. Celle-ci me paraît immense. Je me mets en marche et la longe par la droite, près de la rivière. Je suis la bande herbeuse qui la borde, prenant garde aux orties jusqu'à ce que des ronces m'arrêtent. Alors, je bifurque sur la gauche et m'enfonce dans les bois. Je les trouve peu engageants. Gris, bruns, froids. J'en ressors pour m'atteler aux différentes tâches. Je suis fatiguée de mes deux précédentes nuits, longues mais fragmentées, je crains la pluie. Au cas où celle-ci tomberait, François m'apprend à construire un abri. Il faut ramasser, couper du bois. Encore. Je ne suis pas tellement branchée artisanat de manière générale et je confesse que cet atelier m'ennuie et que la perspective de dormir sous ces quelques branches de conifères supposées laisser glisser la pluie le long de leurs aiguilles m'enthousiasme modérément. J'ai pourtant, il y a quelques années, écouté avec admiration un épisode de l'émission « À voix nue » trouvé sur YouTube, dans lequel André Gorz déployait ses saines et inspirantes pensées. Influencé par Ivan Illich et ses métiers incapacitants, il défendait l'idée que tout être humain devrait être en mesure d'arrêter un travail rémunérateur afin d'élever ses jeunes enfants ou de construire sa maison, que chacun devrait recevoir de l'argent de l'État pour pouvoir le faire. Ses réflexions étaient vivifiantes. Il réfutait la conception moderne de la valeur travail qui veut que la valeur symbolique d'une activité soit nécessairement fonction de la rémunération qui lui est attachée, déplorait que les métiers les plus essentiels à la société soient si souvent les moins rétribués, et introduisait cinquante ans avant tout le monde le concept de revenu universel. Je l'avais trouvé lumineux et son discours formidablement libérateur. Et je m'étais dit : « Mais oui, nous devrions tous avoir le choix et les capacités de construire notre propre maison. » J'y voyais une réponse à l'aliénation. Pourtant… Pourtant, je ronchonne intérieurement, courbée sur mes tiges d'orties que je tresse pour en faire de quoi lier le faîte de l'édifice. Je n'ai pas envie de construire cet abri. J'ai envie d'un Airbnb. Je le dis. Je l'admets. À ce moment, je veux de l'eau chaude et des draps frais. Avec une vue sympa sur la rivière. Oui, je suis une pétasse. Enfin, je tresse puisqu'il le faut. Et me rassure : peut-être que s'il s'agissait vraiment de ma maison, d'une maison pérenne, je prendrais plaisir à me donner du mal pour l'édifier. Tel Jeremiah Johnson. Quelques heures plus tard, l'abri tient debout. Il ne m'inspire rien qui vaille mais il tient debout. Il faut désormais le « fumigéner » pour chasser les bêtes qui grouillent au sol. Faire un tout petit feu, en d'autres termes. Puis un autre feu pour la pitance du soir. Riz, orties, plantain, pissenlit. Festin. Je mange de bon appétit, toujours un œil rivé vers le ciel qui décidément montre ce soir des couleurs menaçantes. La lumière est faible, l'atmosphère a quelque chose de triste. Un grincement très pénible retentit à intervalle régulier. Il évoque la vieille porte d'une cabane laissée ouverte et ayant abrité des événements sanglants. Je mets longtemps à identifier sa provenance. C'est une grande branche arrachée par une tempête certainement qui se tient en équilibre sur deux autres, à plus de vingt mètres du sol. Le son, la lumière, la forêt… l'ambiance est très *Blair Witch Project* ce soir.

Je retrouve mon hamac avec un certain vague à l'âme. Les moustiques sont là, bien sûr. Je grimpe en me rassurant, c'est bientôt l'heure d'aller se coucher pour eux aussi. Je regarde l'eau grise, sous le ciel gris, je subis le grincement, plus lointain mais présent cependant, et le vent qui me chahute, bruyant et vigoureux. Et je suis triste. Je me laisse être triste. Ça n'est pas bien grave. Les éléments ont une prise sur moi. La fatigue aussi, certainement. J'expérimente une sorte de déracinement. Je tangue dans mon petit hamac, balancée par les bourrasques. Les moustiques ne cèdent ni à celles-ci ni à la nuit, qui pourtant se penche. Ils grincent eux aussi, juste sous mon nez. Ils piquent mes mains, mon cou, mon visage. Ils me rendent folle. Je ne peux m'endormir dans ces conditions. Acculée, je me réfugie tout entière dans mon sac de couchage, le visage enfoui, manquant d'oxygène. C'est un enfer. Ils ont décidé de passer la nuit avec moi. Je ne sors ma tête que pour prendre de grandes bouffées d'air puis m'engouffre à nouveau, espérant me faire oublier. Je m'endors ainsi. Cachée.

C'est une symphonie incroyablement sonore qui me réveille en pleine nuit. Celle des grenouilles qui conversent, semble-t-il. Une bande sur une rive, une bande sur l'autre. Elles s'invectivent et se répondent, de plus en plus vite, jusqu'à unir leurs coassements dans une cacophonie assourdissante. La branche grinçante bat la mesure. Le vent enrobe tout ça, avec de violentes bourrasques. La nuit va être longue.

Je me réveille épuisée. Il n'a pas plu et je n'ai pas eu besoin d'aller me coucher sous l'abri, mais les grenouilles et les moustiques ont saccagé mon sommeil. Le ciel est plus dégagé cependant. C'est toujours ça de gagné. Il reste un voile blanc mais je sais que la journée sera bleue.

La routine me semble intolérable ce matin. Aucune envie de faire un feu, de ranger les petites affaires, de reprendre le canoë, encore. Même le paysage échoue à me dérider. Je suis lasse des hauts feuillages qui me cachent le ciel. Je veux des panoramas, du vide et l'horizon. Il me tarde de gagner les hauteurs. Nous ne partirons que demain soir vers les Pyrénées, cela me semble loin. La jungle charentaise m'étouffe.

Nous sommes aux abords de la civilisation, m'avertit François. Nous devons ralentir notre progression en canoë si nous ne voulons pas dormir ce soir à proximité d'un supermarché. Nous nous mettons donc à flot, la pagaie indolente. Ce rythme me laisse tout le loisir d'observer chaque détail de la rivière. Les peupliers tombés çà et là en travers, l'état d'avancement de leur pourrissement, un ragondin furetant sous les racines qui affleurent sur les rives, les amadous accrochés aux troncs, que je sais désormais repérer infailliblement, les nénuphars dont les tiges plongent tout au fond et, par endroits, les espèces de confettis verts qui donnent au lieu des airs de mangrove… Je fouille du regard les feuilles, les buissons, je cherche la faune. Mais elle brille décidément par sa discrétion. La lenteur, quant à elle, est reine et manifeste. Je m'y suis faite. Elle est parfaitement cohérente. Retrouver la cadence effrénée des activités humaines va certainement me chahuter. En groupe, nous ne savons pas faire autrement. La peur de la mort sans doute. Il faut aller vite. Notre passage sur terre est si fugace. La nature, elle, nous transcende, traverse les âges, enterre nos corps. Elle n'est certainement pas éternelle, mais elle affiche la tranquillité de l'éternité. Nous, dans le même temps, terrorisés à l'idée de la fin, nous agitons pour l'oublier, tâchons d'accélérer le temps pour dilater la période furtive qu'il nous est donné de vivre. L'évolution de la civilisation semble tendre vers cet objectif. Et y échouer en beauté. Le philosophe et sociologue Hartmut Rosa s'est penché sur cette obsession de l'accélération et a mis au jour ses failles. Il note que nous avons opéré un « rétrécissement de l'espace » en cherchant à nous déplacer toujours plus vite. Il observe également une accélération du changement social : nous changeons de maison, d'amours, de postes, de voitures, de vêtements, de plus en plus rapidement. Il y voit un « rétrécissement du présent ». Mais il souligne également une troisième accélération, qui prend place au sein même de ce présent rétréci : l'accélération du rythme de nos vies. Il parle d'un « manque de temps aigu » et démontre dans son article « Accélération et dépression. Réflexions sur le rapport au temps de notre époque » en quoi celui-ci régit nos existences d'habitants des sociétés modernes*. « Être charrette, débordé » est perçu comme une forme d'accomplissement. J'y ai toujours vu une triste, une désolante privation, celle d'avoir le loisir de réfléchir à ce qu'on fait et à ce qu'on désire. Mais la société condamne les « oisifs » qui prennent le temps de se poser ces questions. Ils ne jouent pas le jeu, ils sont suspects. Ici, la lenteur est une évidence, elle est la seule voie et elle n'appelle aucun jugement moral puisqu'il n'y a personne pour juger. Alors toute lasse que je suis de ce quotidien monotone, de ce paysage monocorde, j'en prends mon parti et décide de profiter de cette rare occasion qui m'est donnée d'explorer la lenteur. Je m'affale dans le canoë et m'abandonne sans retenue. Je porte une main vers l'eau et d'un doigt en caresse la surface, qui se creuse d'un superficiel sillon. Je suis prise d'une grande torpeur. Je renonce à l'impatience, à l'impatience de changer d'air, de prendre la route, de connaître à nouveau la vitesse. J'y renonce parce qu'elle n'a aucun intérêt. J'embrasse la lenteur. Nous tournons au gré des inspirations de François qui profite des derniers méandres de la rivière, puisqu'elle deviendra inexorablement un cours large et unique. Là où nous sommes il y a très peu de fond. Plus nous progressons, moins il y en a.

— Tu es sûr de ton chemin, François ? Parce que j'ai l'impression qu'il n'y aura bientôt plus d'eau là.

— Oui, il va peut-être falloir descendre pour tirer un peu le canoë.

---

* Hartmut Rosa, « Accélération et dépression. Réflexions sur le rapport au temps de notre époque », *Rhizome*, n° 43, 2012.

Voilà qui me chagrine. La lenteur me rend très flemmarde. Je n'ai aucune envie de descendre, de devoir marcher dans l'eau, tirer, pousser. Le canoë racle le fond, mais nous réussissons à franchir ce premier obstacle. Pas le second. Il faut descendre. J'ai aux pieds des sortes de chaussures de planche à voile adaptées à ce genre de situation. Je descends, marche sur les cailloux vaseux pour attraper le canoë par l'avant. L'eau froide fait courir des frissons de mes chevilles à ma nuque. Je saisis la poignée et tire, tandis que François pousse à l'arrière. Nous passons le banc de sable, remontons à bord, pagayons à nouveau. Mais cette voie est très asséchée, et nous devons réitérer le ballet plusieurs fois. Tirer, pousser, et même porter l'embarcation au-dessus des pierres. Elle pèse une tonne et je glisse sur la vase. Ce ballet m'ennuie.

Les méandres de la rivière ne sont plus. Elle s'assagit à mesure que nous progressons en direction des villes, ses bras fusionnent pour ne former qu'un seul cours, de plus en plus large. Je suis heureuse de découvrir bientôt les Pyrénées, mais redoute l'incursion obligatoire parmi les humains. Je n'en ai pas envie. J'ai envie d'être seule. Sans aucun humain. François est de trop d'ailleurs. Nous montons notre campement au bord de l'eau. Un petit bateau à moteur doté d'un parasol Coca-Cola trouble le silence de l'après-midi. À son bord un couple bronze. Ce sont les premiers humains que je vois depuis plusieurs jours. Je trouve un peu triste qu'ils soient estampillés Coca-Cola, mais bon, ils ont vite disparu. Je ne vais pas explorer les environs tout de suite. Les bois ont l'air profond par ici aussi, ils sont densément arborés et le soleil n'y pénètre que par petites taches de clarté qu'il pose sur un sol de terre jonché de branches plus ou moins grosses. Il ne sera même pas nécessaire de frapper les bûchettes pour obtenir de quoi faire du feu. Il y a déjà un grand choix de tailles. Les tempêtes ont taillé les bois. Les arbres sont fins et hauts. Je reconnais quelques jeunes chênes, un ou deux peupliers aussi, des bouleaux çà et là. Je ne connais pas le nom des autres. Je suis fatiguée de l'obscurité des bois. J'ai envie de lumière. Je m'assieds sur une étendue d'herbes basses, sorte de minuscule clairière, près de l'eau, où le soleil dessine une poétique auréole. Je suis très déterminée à faire *rien*. Je m'en ouvre à François afin de décourager toute tentative de monologue de sa part. Faire *rien* est une activité que j'ai appris à prendre très au sérieux. J'ai emporté deux livres avec moi. Je ne me déplace jamais sans un livre. Pourtant j'ai vite résolu de ne pas les ouvrir. Afin de vivre pleinement l'isolement, l'écart, l'immersion, afin de connaître l'ennui aussi. Nos sociétés redoutent l'ennui, cherchent à l'atomiser. Il faut du mouvement, de l'agitation, tout le temps, ne surtout pas laisser de répit à l'esprit, il faut le saturer, l'encombrer. Le moindre moment d'attente, à la station de bus, ou à la poste, nous fait dégainer nos portables, arme suprême. Notre hochet. Le désœuvrement est suspect. Je suis une grande oisive dans l'âme. J'adore ne rien faire. Mais c'est un luxe que je me permets peu. La société m'a appris le rendement et la productivité. J'ai beau avoir choisi un métier un peu marginal, l'écriture, j'ai intégré l'importance, la nécessité de la productivité. Je sais que les moments de rien font partie du processus créatif mais j'ai toujours l'impression de les voler, d'abuser. Alors j'ai souvent un livre à la main ou un film sous les yeux. Ici, ces moments improductifs s'imposent d'eux-mêmes. Ils sont légitimes et évidents. Je pensais qu'ils finiraient par faire naître l'ennui. Ce camarade de l'enfance que je n'ai plus connu depuis. Plongée dans un quotidien redondant, un décor sempiternel, il me semblait mettre toutes les chances de mon côté pour l'encourager à pointer le bout de son nez. Mais non, je ne m'ennuie pas. L'ennui provient je crois de l'impression de subir le temps qui passe. Or jamais je ne le subis lorsque je suis seule au bord de l'eau, entre les arbres, et que je décide d'être immobile, de regarder, de respirer seulement, depuis mon hamac ou en tailleur sur le sol. Je ne suis pas tellement mystique, mais je trouve que la nature a quelque chose de maternel. Je suis une petite chose en son sein, et je me laisse bercer, docile et indolente. Or on ne s'ennuie pas quand on est bercée. On s'abandonne. Si j'ai de plus en plus envie de quitter ce berceau de verdure, c'est parce que je ressens de la lassitude, de la mélancolie, de la tristesse même, comme hier, mais jamais d'ennui.

Et je mesure à quel point la contemplation a un sens. Et une fonction. Aldo Leopold, l'un des pionniers américains de l'écologie, et grand penseur de l'éthique environnementale dit qu'il lui paraît « inconcevable qu'une relation éthique à la terre puisse exister sans amour, sans respect, sans admiration pour elle, et sans une grande considération pour sa valeur ». Or s'immerger dans la nature pousse, oblige presque à donner à la nature toute l'attention qu'elle mérite. L'admiration, et le respect en effet, en découlent. Je ne trouve pas ce dernier lieu de bivouac particulièrement séduisant. En s'élargissant, la rivière est moins charmante, le paysage plus convenu, plus familier. Trop sombres, trop bruns, trop denses, trop répétitifs, les bois ont désormais tendance à m'asphyxier. Pour autant, être là est émouvant. Car regarder la nature est émouvant. C'est regarder la fragilité, la vigueur, la mort inexorable et l'éternel recommencement. C'est prendre le temps de regarder la Vie. Songer simultanément aux affronts, aux meurtrissures que nous lui causons est forcément bouleversant. Du regard, je caresse les racines d'un de ces arbres dont j'ignore le nom, les devine sous la terre, les suis jusqu'au tronc, grimpe le long de l'écorce solide qui habille l'arbre de losanges, de sillons et de bosses, je bifurque à la faveur d'une branche que je traque à son tour tandis qu'elle s'affine jusqu'à son extrémité, imaginant suivre le parcours de la sève, et ses pulsations. Je dissèque les feuilles des arbres, glisse sur leurs nervures, que le soleil détache nettement, goûte le vert tendre et résolu, celui de l'été. Passer des heures à regarder autour de moi, à m'appesantir sur des détails, à respirer la brise, à détendre chaque muscle de mon corps, abandonnée au sol, achève de me faire passer dans une autre dimension. Je me raconte beaucoup d'histoires en ville, on se raconte tous beaucoup d'histoires. On se crée des problèmes, des enjeux dérisoires qu'on prend très au sérieux, on oublie d'être humble. On s'attache, pour se distraire de notre finitude, à des mythes, à des chimères, on se donne tellement d'importance. On a construit nos sociétés et la sociabilité sur eux. Or ici, rien de tout cela n'a plus cours. La plupart de ces histoires ne trouvent plus d'accroche, perdent toute pertinence. Je crois comprendre pourquoi il me paraît inconcevable de cliquer sur les icones des réseaux sociaux sur lesquelles d'ordinaire je clique pourtant des dizaines de fois par jour sans même y penser. Si ici je ne clique pas, c'est parce que ça ne me regarde plus. Les *feeds* Instagram, les statuts racoleurs, pleurnicheurs, les statuts marrants ou intelligents non plus. Même les nouvelles du monde ne me regardent plus. L'ici, le maintenant, tout comme la permanence de la nature l'emportent. Avec une force tranquille. C'est la seule histoire qui vaille : l'impératif de voir durer tout ça, me dis-je en contemplant cette vie qui existe en dehors de nous, qui déferle si joliment quand on ne la saccage pas. Cinq jours que je vis en son sein, debout, assise, allongée, sans rempart, à part mon hamac, en contact constant. Cinq jours que la discrétion de la faune s'impose avec une force croissante. Je ne l'ai pas remarqué tout de suite. Je me suis amusée devant les pirouettes d'un ragondin, émerveillée de la nage d'une biche, exaspérée des bavardages de quelques grenouilles, esbaudie devant l'envol majestueux d'un héron, mais où sont tous les oiseaux ? Les insectes ? À l'exception des moustiques et des libellules, ça ne zézaie pas beaucoup, ça ne chante guère. La nature se tait, elle est d'un calme parfois glaçant. Nous urbains lisons les études alarmantes sur le déclin de la biodiversité comme autant de chiffres déplorables mais dépourvus de réalité physique. Ce printemps cependant, cette réalité s'est incarnée à mes yeux. Comme tous les ans, j'attendais dès l'arrivée des jours doux, le retour des hirondelles, ces virtuoses du vol que j'adore et dont j'ai toujours guetté les allées et venues migratoires. L'année dernière déjà, j'ai pu observer leur déclin. D'habitude déchaînées au-dessus des immeubles, s'emballant par dizaines dans de folles arabesques, elles n'étaient plus que quelques-unes. Peu bavardes, et vite reparties. Cette année, la tendance s'est confirmée. Elles étaient si peu nombreuses que je pouvais leur donner des prénoms. Une recherche rapide sur Internet suffit à mettre des chiffres macabres sur ces observations ; 40 % des hirondelles ont disparu de France en vingt ans. En cause, les sécheresses qui frappent l'Afrique dont elles partent au printemps de plus en plus affaiblies, n'ayant pas pu boire suffisamment, et succombant de plus en plus souvent lors de leur périple. En cause également, les pesticides qui exterminent les insectes dont elles se nourrissent en Europe, ou encore la destruction de leurs nids par les humains qui s'exaspèrent de leurs fientes au sol quand elles ont l'imprudence de les construire sur les façades de leurs maisons. Hormis le déclin manifeste des hirondelles, il est difficile pour un Parisien de prendre la mesure par l'empirie du massacre à l'œuvre sur la biodiversité. Un rapport du WWF publié en 2014 révélait que les effectifs mondiaux des espèces de vertébrés ont diminué de plus de moitié depuis 1970. On y apprend aussi la disparition de près des trois-quarts des vertébrés d'eau douce en moins de quarante ans. En France, les oiseaux évoluant dans les milieux agricoles ont vu leurs effectifs décroître de 32 %. Un nouveau rapport de l'ONG rendu public en octobre 2018 nous apprend cette fois que les animaux sauvages auraient perdu 60 % de leur population depuis 1970. La sixième extinction de masse est en cours. Sa petite originalité, c'est que l'humain en porte la responsabilité. Virginie Maris rappelle que les activités humaines auraient provoqué cinquante à mille fois plus d'extinctions que le taux naturel, ces cent dernières années. Harari qualifie pour sa part sans détour notre espèce de *serial killer écologique*, notre manie de bousiller les autres espèces ne datant pas d'hier. Il en donne plusieurs exemples, dont celui des mammouths qui vivaient tranquilles pendant des millions d'années dans l'hémisphère nord avant que l'essor d'*Homo sapiens,* en Eurasie puis en Amérique du Nord, fasse décroître leur population, pour qu'il n'en reste finalement plus un seul il y a environ 10000 ans, si ce n'est dans quelque île lointaine de l'Arctique. Mais là-bas aussi, il a suffi que Sapiens débarque, il y a environ 4000 ans, pour que le mammouth trépasse, précisément au même moment. *Homo sapiens*, explique Harari, provoqua l'extinction de près de la moitié des grands animaux de la planète, bien avant d'inventer la roue ou les outils de fer. Se mettre enfin à refouler ce vieil instinct destructeur s'annonce donc ardu tant il semble ancré dans l'espèce. Pourtant, nous n'avons pas d'autre choix. Et encore une fois il y a urgence. Souvent, la situation actuelle, dans toute sa gravité, dans toute son horreur, me fait considérer l'humain comme un bébé qui a fait de grosses bêtises et se trouve bien démuni maintenant qu'il faut les réparer s'il ne veut pas être puni une fois pour toutes. Nicolas Casaux, écologiste membre de l'organisation Deep Green Resistance, tenait à faire entendre un autre son de cloche dans une tribune qu'il a signée pour le site reporterre.net. Il y récuse l'idée selon laquelle l'humain serait intrinsèquement destructeur et porte à notre attention quelques exemples d'humains qui ont su cohabiter harmonieusement avec la nature au sein de laquelle ils se sont établis. Il cite l'île de Bornéo qui, 50000 ans après le premier peuplement humain, était encore couverte d'une forêt luxuriante et souligne que nous devons sa destruction à l'exploitation induite par la civilisation industrielle. Il rappelle également que 80 % des zones les plus riches en biodiversité à l'heure actuelle sont des territoires où vivent des peuples autochtones. C'est pourquoi voir advenir une société soutenable, qui passerait par un rapport plus harmonieux à la nature impliquerait un changement de paradigme radical. Une société pérenne donc écologique ne peut tout simplement pas être une société néolibérale.

Ces heures immobiles me permettent de prendre un peu la mesure de la catastrophe. Le silence est mortifère. Je tends l'oreille. Mais les arbres semblent inhabités. Je guette le frémissement des hauts buissons d'orties et de « mauvaises » herbes, mais ils demeurent immobiles. Sur l'eau, pas un canard. Même les libellules sont absentes aujourd'hui. Ces rives luxuriantes étaient la promesse d'une plus grande diversité, de plantes, d'animaux, d'insectes. Le vert est partout, mais finalement peu varié, et la faune presque nulle part.

J'ai faim. La perspective du riz aux orties ne stimule guère mon appétit et je suis à deux doigts de renoncer encore au déjeuner. Mais j'ai senti ce matin en m'habillant que mon short bâillait autour de ma taille. Peut-être s'est-il simplement distendu à force d'être porté, mais peut-être ai-je vraiment maigri. Dans le doute, et avec une pensée pour mes chers parents qui me trouvent toujours trop maigre, je m'ébroue et me mets en quête de quoi faire un feu. Avec le firesteel, c'est une formalité maintenant. J'ai demandé à François de m'apprendre à faire un feu par friction, en frottant deux morceaux de bois l'un contre l'autre, à l'aide d'un archet. Il a décidé que cet enseignement serait dispensé en montagne. En attendant, je réplique donc ce que j'ai appris. Le bois est vite ramassé, vite entassé. Un peu trop vite peut-être. François m'a bien dit qu'il était plus long d'essayer de gagner du temps dans la nature, mais je ne l'ai pas écouté. En l'occurrence, j'aurais dû. Mon feu ne prend pas. Je m'impatiente. Mes petits copeaux de bois gras sont parfaits et s'embrasent bien pourtant. C'est mon tas, le problème. Il étouffe mes belles flammes. Il n'est pas bien bâti, pas assez aéré. Alors je reprends tout depuis le début, l'ordonne à nouveau. L'impatience amplifie les effets d'une hypoglycémie naissante. Mes gestes sont plus flous, imprécis. Je prends d'infinies précautions lorsque je me mets à tailler à nouveau le bâton de bois gras. Je sens que les circonstances sont réunies pour que je m'ouvre la main. Et je n'ai aucune envie de tester les compétences de François en premiers secours. Prudence, prudence donc. Mon second petit tas est bien meilleur. Je souffle amoureusement sur les flammes et elles se multiplient, gagnent toutes les strates. Gagné, je vais pouvoir manger. Je mets de l'eau à bouillir, et vais chercher quelques herbes. Comme d'habitude, je ne suis sûre de moi que pour les plantains et les orties. Cette fois, je trouve du joli pissenlit aussi. J'apporte le tout. Nous jetons une poignée de riz dans la petite popote puis faisons cuire le plantain et les orties. Je me sustente. Puis atelier *bushcraft*. Le *bushcraft* est un art bien connu des survivalistes et consiste à fabriquer de quoi s'abriter, se soigner, à fabriquer tout objet utile, avec ce que l'on trouve sur place dans la nature. Il peut être traduit par « artisanat de la brousse ». François m'apprend à faire un panier avec de la clématite. La clématite sauvage est une plante qui pousse abondamment par ici, en milieu forestier. Elle s'étend sous forme de longues lianes, grimpe volontiers le long des troncs d'arbres, atteignant des tailles impressionnantes. Ces lianes sont très coriaces. Suivant les instructions de François, j'en coupe quelques mètres, avec son gros couteau, cherchant les parties les plus sèches de la plante. J'obtiens ainsi de fines cordes brunes ou beiges. Celles-ci sont d'une robustesse impressionnantes paraît-il. François me montre comment les tresser pour obtenir un petit panier bien pratique si on a survécu à un crash d'avion, qu'on s'est retrouvé dans la jungle sans sac où mettre ses orties et son plantain. On peut aussi en faire des nasses à poissons ou des « alarmes ». François se lance dans l'édification d'une sorte d'enclos autour de sa couche, avec quelques bâtons de bois plantés dans le sol, de la clématite tendue entre chacun d'eux et des objets métalliques disposés sur les câbles de sorte qu'ils tombent en faisant du bruit si quelqu'un s'approche et se prend les pieds dans les cordes tendues.

— Rigole pas, me dit François. Imagine que tu doives quitter la région parisienne, parce qu'il n'y a plus rien à manger et que les gens commencent à s'entretuer. Bon. Tu pars à pied parce qu'il n'y a plus d'électricité, plus de trains, des embouteillages monstres. Tu dois traverser la France pour aller dans un endroit sûr où il y a des ressources, disons chez moi.

— Ben non, t'as dit que tu m'accueillerais pas.

— Non, je peux pas t'accueillir, je t'ai dit, t'as pas de compétences. C'est hypothétique.

— Ah, voilà.

— Bon. Tu dois dormir dans les bois, avec ta famille. Mais tu sais que l'ambiance est craignos, qu'il y a de fortes chances pour que vous fassiez de mauvaises rencontres. Bon, ben tu tends ta petite alarme. Comme ça, tu te réveilles si un intrus approche.

— Oui. Et là, je bondis et je le plante avec mon gros couteau de survie, c'est ça ?

— Exactement. Moi, je dors toujours avec mon couteau sous ma tête quand je vais dans la nature. Même là, même alors que l'ambiance est pas trop craignos.

J'accueille cette information avec un visage impassible. Et un petit pincement d'inquiétude au cœur. Enfin, la vie dans les bois continue. Alors je poursuis la confection de mon panier de clématites. C'est long et un peu physique, parce que les lianes sont immenses et revêches, mais je trouve que ça prend forme et que mon panier ne manque pas de charme. Je pense que je ne serai pas peu fière d'aller faire mes emplettes avec, une fois rentrée.

Puis, comme à mon habitude, je m'échappe une heure ou deux. Cette fois, ce ne sont pas des champs que je trouve après quelques pas mais des chaînes, des barrières et des panneaux qui disent « propriété privée ». J'enfreins. Je serai très respectueuse, j'enfreins parce que j'en ai besoin. Je dois marcher. Je ne laisserai aucune trace, je n'abîmerai pas la propriété privée. J'avance sur un chemin au milieu des arbres muets. Je redoute un peu la nuit qui vient. Ça s'est rafraîchi. Mais ce ne sera rien à côté des nuits qui m'attendent à plus de 1 500 mètres d'altitude. J'ai hâte de prendre de la hauteur mais appréhende les ascensions chargée de mon gros sac, les ampoules, la fatigue et, au bout, le froid, l'extérieur, encore. Jusqu'à présent, l'inconfort est très relatif. Il est surtout le fait d'une certaine lassitude, de la redondance des paysages et de l'aigreur de François. La nature n'est pas si inconfortable ni tellement hostile. Elle est indifférente, voilà tout. Mais c'est assez reposant de ne pas évoluer dans un environnement conçu à sa mesure, répondant à des besoins spécifiques et préétablis. On se fait tout un monde de la vie sauvage, mais sous nos latitudes, elle est tout à fait accueillante. J'entends des coups de fusil et rebrousse vite chemin. La survie en milieu naturel devient plus périlleuse quand la chasse est ouverte.

Je me réveille avant les premières lueurs de l'aube. Je me suis couchée très tôt. Je me couche de plus en plus tôt, je crois. Mon hamac est mon refuge, ma parade. François ne me parle plus quand je suis dedans. Et ça, c'est délicieux. Je l'ai attaché à l'orée de la forêt, le hamac, pas François. François a dormi assez loin. C'est bien. J'ai moins peur de la nuit. J'ai quand même pris mon couteau avec moi. Je me suis réveillée de nombreuses fois, mais n'y ai pas vraiment prêté attention. C'est à peine si j'ai ouvert les yeux. Une fois seulement. Et j'ai cru distinguer un brouillard qui noyait les arbres et leurs ombres. Mais peut-être l'ai-je rêvé. J'ai pris l'habitude d'empiler les couches de vêtements et d'enrouler un pull autour de ma taille pour protéger mes reins. Ainsi, la nuit a été assez douce, malgré la froide humidité. Il n'y avait pas de moustiques, pas de sangliers, ni de ragondins, pas de branches grinçantes ou de bourrasques menaçantes. Rien que la forêt endormie, et la rivière glissante.

Les premières lueurs ne sont pas loin. Je sais mieux lire la nuit désormais. Je ne parviens pas à me rendormir. Je reste ainsi, bien sage, jusqu'à ce que le noir s'habille de bleu. Puis j'attends encore. Que le bleu se répande horizontalement, qu'une clarté timide gagne en vigueur, chassant finalement l'obscurité, les étoiles, la brume qui flotte au-dessus de la rivière. Il faudra patienter encore un peu pour qu'elle disparaisse autour des arbres. Mais je descends de mon hamac et m'active pour faire un feu. Je me sens en pleine forme. C'est le jour du départ. Et cette perspective me donne une énergie nouvelle.

La nouveauté et l'émerveillement qui m'attendent devraient me permettre de tenir jusqu'à la fin de ce périple sans que j'aie à dire le fond de ma pensée à François, sans que mon désir de solitude me le rende tout à fait insupportable.

De retour dans le canoë, nous pagayons en direction de la civilisation. Je redoute un peu l'effet que la multiplication progressive des infrastructures humaines aura sur moi. J'étais lasse de la forêt, de l'écoulement lent de la rivière, mais ils n'en étaient pas moins un cocon assez douillet, préservé de l'hystérie, et cette retraite m'allait fort bien. Les moteurs, les immeubles, les lotissements, les néons ne me manquent pas. Je regrette d'avoir à les approcher avant de gagner les montagnes. François m'a informée hier qu'étant donné notre horaire d'arrivée ce soir dans les Pyrénées, après plusieurs heures de route, et le fait qu'il ne connaissait pas bien l'endroit où nous allions dans la montagne, il nous faudrait faire une halte dans un hôtel, à Tarascon-sur-Ariège. Nous débuterons notre ascension vers 7 heures le lendemain matin, en direction du plateau de Beille, dans les Pyrénées ariégeoises. Cette interruption des nuits à la belle étoile ne m'inspire pas du tout, mais la perspective d'une douche chaude m'enchante. Ainsi, c'est le cœur joyeux que je donne mes derniers coups de pagaie. Le paysage est plus monotone sur le grand bras et la progression y semble plus lente que dans les petits sentiers d'eau qui serpentaient dans la jungle. Un héron nous dépasse. Bleu, élancé, il passe de son ample vol à quelques mètres audessus de l'embarcation. Le battement de ses ailes est lent mais sa progression rapide. Je le regarde s'éloigner. Il s'arrête à une centaine de mètres sur le tronc d'un peuplier tombé dans la rivière et observe dans ma direction. Je le trouve somptueux et me réjouis qu'il s'offre ainsi à ma vue. Alors que le canoë se rapproche de lui, il reprend son envol, d'une grâce ralentie. Puis se pose à nouveau. François rigole en soulignant une fois encore ma cote avec les animaux. Pour l'instant, je n'y vois qu'un hasard. Je ne lâche pas l'oiseau des yeux tandis que nous nous en approchons. Il est sublime. Liane en majesté, le cou long, le port altier, la silhouette élancée. Il évoque une force extraordinairement subtile, une fragilité insubmersible. J'ignore si j'existe autant pour lui qu'il existe pour moi, mais son long bec m'a en ligne de mire. Lorsque notre embarcation n'est plus qu'à une dizaine de mètres, il fléchit ses grandes pattes et déploie à nouveau ses ailes démesurées. Puis lentement, comme une provocation à la gravité, il décolle et s'élance devant nous. Il prend de la vitesse, s'interrompt et se pose sur la branche d'un arbre. Je crois qu'il y a un truc entre ce héron et moi. J'en suis persuadée et je n'ai aucun doute qu'il m'attend. Serais-je devenue érotomane de la nature ? La tête toujours tournée vers moi, il réitère son manège lorsque le canoë s'approche. Il nous escorte ainsi pendant plus de deux heures. Fait une dizaine de haltes.

Reprend son vol autant de fois. Ce héron m'accompagne, ça ne fait plus aucun doute. Et rend la reddition progressive de la nature moins rude à observer. Car c'est avec lui à mes côtés que je la vois céder la place aux pelouses, aux maisons, aux barrages, aux lignes à haute tension. Le vert l'emporte toujours cependant, la civilisation ne se manifeste que par touches. Notre point d'arrivée n'en est que plus brutal. Il se situe sous un pont qui me paraît gigantesque et sur lequel passe une nationale. La compagne de François a garé sa voiture à proximité. Le vacarme émis par le flot continu des véhicules lancés à vive allure est un choc. Le béton, d'une épaisseur martiale, énorme, brutale au regard, l'est également. On pouvait difficilement faire retour à la civilisation plus radical.

Il faut décharger le canoë, le mettre au sec, le dégonfler. J'assiste François, concentrée. Mais sous le pont, l'écho des moteurs est très agressif, et il est difficile de ne pas être envahie par le spleen, voire par une franche anxiété. Je sens que les battements de mon cœur s'accélèrent sous les pulsations du trafic. Nous tirons le canoë jusqu'à une vaste pelouse. Irréprochablement tondue, elle est assez déprimante elle aussi. François m'explique que nous nous trouvons sur une base de loisir. En effet, il y a un étang artificiel. Des petits voiliers ornent les rives. Derrière, un large bâtiment complète le paysage vers lequel convergent des chemins de sable bien rangés, comme la pelouse. Cette « base de loisirs » est un concentré d'artificialité, une proposition d'activité en « plein air » où tout a été posé, conçu, assemblé par la main de l'humain. Et ce à la lisière d'une vie sauvage. Ces deux mondes sont hermétiques, comme l'étaient les rives luxuriantes qui ont abrité mes cinq derniers jours et les champs de maïs. Il est plus que souhaitable que l'humain laisse certains pans de nature intouchée. De récents travaux* ont établi qu'il ne restait plus sur la planète (en excluant l'Antarctique et les Grands Lacs) que 23,2 % de terres peu impactées par les activités humaines, de même qu'ils ont mis en évidence une perte colossale de ces espaces de presque 10 % en seulement seize ans, entre 1990 et 2016.

Je suis heureuse d'avoir pu passer cinq jours sans croiser un humain, c'est précieux. Mais je ne peux m'empêcher de trouver malsain que les gens qui fréquentent cette déprimante « base de loisirs » ne s'aventurent jamais au-delà pour découvrir un peu l'extraordinaire profusion, le calme souverain, la lenteur, et toutes ces merveilles dont je me suis repue ces derniers jours.

Déjà très misanthrope quand il est immergé dans les bois, François est au bord de l'implosion à proximité de ses congénères.

— Bandes de gros tas, fulmine-t-il en suivant du regard deux femmes assez fortes. Ça me dégoûte. Vous serez les premiers à crever quand toute cette merde s'effondrera enfin, connards d'obèses. Les premiers à crever. Ah, ça aura du bon, l'effondrement. J'ai hâte de vous voir essayer de courir, essayer de vous adapter. Haha, j'ai hâte de vous voir disparaître, tiens !

Je suis tellement lasse de sa haine.

---

* Cités par Virginie Maris dans *La Part sauvage du monde.*

Nous prenons la voiture, nous nous retrouvons sur de jolies routes de campagne que je regarde défiler avec plaisir. La route a l'air d'hypnotiser François. Il est enfin silencieux, c'est merveilleux. Je m'enquiers de l'hôtel où nous serons ce soir. François me répond qu'il n'en sait rien, qu'il n'a pas réservé. Voyant l'heure déjà tardive, je m'en étonne. Peut-être serait-il souhaitable d'appeler pour réserver ? Nous sommes censés dormir à Tarascon-sur-Ariège, une ville de deux mille et quelques habitants, m'apprend Google sur mon portable. Je doute que les hôteliers prêts à accueillir des visiteurs après 23 heures soient légion. François me dit que nous pourrions tout autant bivouaquer finalement. Je m'étonne un peu de ce revirement mais me trouve soulagée de ne pas interrompre le cours des nuits à la belle étoile. Je ne demande pas mon reste et m'absorbe dans la contemplation des bocages, des forêts, des sublimes villages de pierre que nous traversons.

Sur l'autoroute, j'observe les bois qui la bordent d'un œil neuf. Jusqu'alors, j'avais toujours perçu cette somme d'arbres amassés comme un territoire abstrait, impénétrable, trop dense pour qu'un humain puisse y cheminer et encore moins s'y établir. Pour la première fois, j'appréhende cette zone jadis mystérieuse comme un terrain possiblement familier, comme un lieu à explorer, un lieu au creux duquel je pourrais me faire une petite place. Je me figure le bruit du vent dans les feuilles, les branches tombées au sol et permettant sans peine de faire un feu, les pierres sur lesquelles poser le petit tas pour ne pas embraser l'ensemble. Je me projette. Jamais je n'aurais su le faire avant les cinq jours que je viens de passer. Ce constat me rend assez contente, assez fière. Il y a peu de chance pour que je décide de passer mes vacances en famille dans la forêt qui borde l'autoroute, mais c'est toujours bien d'avoir le choix. Après trois cents kilomètres, François souhaite faire une halte dans une station-service. Je m'attends à ce que le choc soit aussi rude que celui provoqué par la grosse nationale et sa voisine la base de loisir. Les aires d'autoroute sont parmi les endroits les plus lugubres que l'humain ait conçus. Les pompes à essences, les grands parkings, le grondement de la vitesse à quelques mètres, les machines à café, les mines fatiguées, les enfants hors de contrôle, la nourriture cancérigène... Je rentre dans la « boutique » tandis que François fait le plein. Un peu hagarde, je détaille avec plus d'attention que d'ordinaire la profusion de produits colorés qui s'étalent sur les présentoirs. Les tonalités sont terriblement agressives. Les boutiques de stations-service ne connaissent ni la pénombre ni la douceur. Les couleurs du marketing claquent comme des coups de trique. Le conducteur fatigué ne risque pas de céder à la torpeur ici. La grande distribution bouscule le consommateur, l'étourdit. C'est particulièrement frappant quand on sort des bois. Un jeune enfant, les bras chargés de plusieurs paquets de chips et de gâteaux gorgés de sel, de sucre et d'huile de palme, négocie un énième paquet. La mère est fatiguée et le lui refuse d'une voix molle. Elle s'éloigne ensuite, feignant d'ignorer le caprice qui se prépare. La frustration de l'enfant monte, il est prêt. Il va user de son pouvoir, il va hurler dans un lieu public. Il est en position de force, il le sait. La séduction cynique qui est à l'œuvre ici le rend fou. J'attrape trois barres céréalières, un paquet de chips puis file en direction de la caisse, espérant me soustraire à la pollution sonore de la crise qui vient. Je paye et détale. François me rejoint sur l'une des tables en bois qui accueillent les repas des automobilistes en transit. Lui qui m'a étalé pendant des heures sa science de la permaculture et jeté au visage avec un orgueil qui se voulait écrasant la qualité de la nourriture qu'il cultivait lui-même et consommait avec un plaisir inégalable, s'envoie un bon gros sandwich bien industriel, avec jambon aux nitrites et tout le tralala.

Nous reprenons la route. À l'approche des Pyrénées, je m'inquiète des lourds nuages à l'horizon.

— Tu as consulté la météo avant d'envisager le bivouac ?

Il ne répond pas. Je repose la question, il marmonne un truc inaudible. Je laisse les kilomètres défiler et reprends la parole quand des trombes d'eau s'abattent et obligent les automobilistes à se traîner à trente à l'heure tant la visibilité est mauvaise. C'est le moment que la dame de la radio choisit pour m'informer que l'Ariège, où des orages très violents sont prévus dans les heures qui viennent, est placée en vigilance orange. Je fais part de mes réticences à grimper dans une montagne inconnue sous des orages orange.

— Oui, ben ça va, on dépassera le plafond, et puis voilà.

— Pardon, mais qu'est-ce que tu entends par là ? Le plafond, ce sont les nuages qui produisent l'orage ?

— Voilà. On montera le camp au-dessus.

Je jette un œil par la fenêtre puis le regarde, interdite.

— Tu sais, je ne suis pas météorologue, et je n'ai pas ton expérience de la vie au grand air, mais enfin je pense pouvoir affirmer que le plafond se situe à plus de 2000 mètres d'altitude là. Voire plus. Il est vraiment super haut le plafond, François. On aura le temps d'être bien bien trempés, voire foudroyés avant de l'atteindre.

Il ne répond pas.

— Je ne demande pas mieux que d'être convaincue qu'il n'y a pas de danger à monter dans la montagne sous la pluie. Je veux juste être sûre que je ne vais pas passer les trois jours restants, et les deux nuits surtout, avec des vêtements qui auront tous pris la pluie. Mon sac n'est pas imperméable.

Il ne répond toujours pas. Il est vexé. J'ai manifestement affaire à un homme doté de la maturité émotionnelle d'un enfant de 6 ans. Je m'active donc dans mon coin, tapotant sur mon portable à la recherche d'un hôtel qui veuille bien nous accueillir. Il est plus de 23 heures et aucun ne répond. Des éclairs se mettent à déchirer la nuit. Certains la font clignoter, d'autres se dessinent au loin, fins filaments d'électricité clairement distincts sur la toile noire. Je commence à trouver la situation critique. Je reste calme. Je prends une grande mais discrète inspiration puis demande :

— Les conditions climatiques sont un peu raides là, je sais pas ce que t'en penses. Tu l'envisages comment ce bivouac sous cette pluie battante ?

— Mais c'est bon, on trouvera bien une grange abandonnée.

Ah. Le plan a donc changé. Il n'est plus question de dépasser le plafond. Je trouve François très approximatif. Je suis là pour apprendre la survie en milieu naturel mais pas pour apprendre à survivre à une pneumonie en milieu naturel. Parce que c'est ce qui m'attend si je passe les prochains jours dans des vêtements et des chaussures trempés, par des nuits à moins de 5 °C. Je lui demande comment être sûrs que nous trouverons une grange. Silence, à nouveau. L'électricité qui sature l'atmosphère autour de moi, couplée à la mauvaise volonté et à l'impertinence de François commencent à faire naître au creux de mon ventre une noire colère.

Nous quittons l'autoroute. Les éclairs s'enchaînent à un rythme apocalyptique. Je distingue, sous l'averse furieuse, un panneau indiquant « Tarascon-sur-Ariège ». Il faut statuer, il faut que la situation s'apaise et qu'une solution intelligente émerge.

— Bon, qu'est-ce que tu veux faire ? me demande François sur un ton de petite pisseuse.

J'ai des envies de fuite. Je n'ai qu'un désir : me retrouver enfin loin de cette personne. Mais parce que je tiens à poursuivre mon immersion, je lui donne une ultime chance d'être constructif.

— Écoute, je te l'ai dit, je suis ouverte. Je suis prête à te suivre dans la montagne si tu m'en dis plus sur ce que tu as en tête. Comment fait-on pour monter un bivouac dans un lieu qui ne présente pas de danger étant donné les circonstances, et sans être trempés pour les jours qui viennent ?

Il ne répond pas. Je lui demande alors de se garer. Il le fait mais garde les yeux obstinément fixés sur le volant.

— Bon, c'est pas possible de gérer les choses comme tu le fais. C'est pas à moi de dire ce qu'on doit faire. J'ai fait appel à toi pour organiser ce périple. Me retrouver dans la merde, sous l'orage, j'aurais pu y arriver toute seule. Donc là, puisque tu ne proposes rien, je veux trouver un hôtel, voilà ce que je veux faire.

— Ho, tu te calmes déjà ! Tu baisses d'un ton, Jennifer.

Ces derniers mots, alors même que je produis d'indicibles efforts pour ne pas lui dire ses quatre vérités dans des termes plutôt assassins depuis une heure amplifient la boule de colère qui siège au creux de mes entrailles. Une chaleur délétère se répand dans tout mon corps et jusqu'au bout de mes doigts. J'ai envie de pourrir cet odieux personnage, de le perforer avec des mots. Ses longues tirades malveillantes, ses piques suffisantes me l'ont rendu insupportable. J'ai envie de lui faire mal à mon tour. Et de hurler. Mais je me tais. Serrant les dents à m'en blesser, je sors de la voiture et prends mon sac à dos.

C'est alors que se passe cet événement fabuleux que je ne pensais pas possible à 1 h 30 du matin, sous une pluie diluvienne et tandis que des éclairs déchirent l'obscurité : la voiture s'éloigne. Puis disparaît.

Je me retrouve donc seule dans une région inconnue, dans un village inconnu, au milieu de la nuit, de la pluie et du tonnerre. Je suis un peu abasourdie, tourne sur moi-même pour prendre connaissance des lieux. Je suis près d'un pont. En dessous coule une rivière vigoureuse, l'Ariège vraisemblablement. Je suis sidérée et désorientée mais le sentiment qui prime n'en demeure pas moins le soulagement. Je suis merveilleusement soulagée d'être enfin seule, enfin débarrassée de cet être toxique avec qui j'ai dû feindre la camaraderie faute d'être capable de m'orienter dans la petite jungle et dépendante de son embarcation que j'étais. Le soulagement est tel que j'ai toute confiance en cette nuit. Elle va bien se passer. Il me faut trouver un hôtel ou une bonne âme, c'est tout. Et si je ne trouve ni l'un ni l'autre, eh bien, je passerai la nuit à l'abri d'un porche, voilà tout. La situation est inattendue mais absolument pas désespérée.

Je m'amuse d'avoir l'impression de vivre ma première vraie expérience de « survie », précisément au moment où je retrouve la civilisation.

Le cœur vaillant, le sac à dos lourd et les cheveux mouillés, je me mets en marche sous la lumière timide de quelques réverbères qui laissent à l'obscurité presque toute la place. Tarascon compte donc deux mille habitants. Et apparemment, ils dorment. Pas âme qui vive, pas une lumière aux fenêtres des maisons basses. Je suis seule, parfaitement seule. Je trouve trois hôtels. Je toque, sonne à la porte. Récolte en retour des silences de plus en plus éloquents. Des silences qui disent « tu vas dormir sous la pluie, ma fille ». Je ne sais même pas où m'assoir, tout est trempé, à commencer par moi. Je reste un instant debout, hébétée. C'est alors que deux silhouettes providentielles apparaissent à quelques dizaines de mètres. Je m'approche, ce sont deux jeunes hommes qui sortent d'un restaurant fermé. Ils y travaillent. Je leur explique mon cas. Ils m'écoutent, vaguement suspicieux. À l'issue du récit synthétique de ma mésaventure, je leur demande si l'un d'eux serait d'accord pour me laisser dormir sur son canapé. Ils baissent la tête, chacun espérant que l'autre réponde en premier.

— Nan, mais on a des copines, me lance le plus petit.

Je le regarde avec une consternation que je ne sais pas cacher. Et me mets à rire. Dégoulinante de pluie, le bonnet de travers, la goutte au nez et la tête en vrac, je tâche de leur expliquer que si j'étais leur copine, je serais certainement heureuse d'accueillir une femme en détresse, et que par ailleurs, je ne vois pas bien ce qui leur fait penser que je suis en train de leur proposer qu'on couche ensemble. Ils sourient à leur tour et consentent finalement à m'emmener dans un camping où ils doivent retrouver des amis. Je monte avec eux à bord d'une vieille jeep qui crache une sorte de techno hardcore. Cette musique ne m'est d'aucun réconfort et je me dis que cette scène pourrait très bien être le début d'un film d'horreur. La femme seule en détresse, les deux jeunes hommes inconnus, la jeep défoncée, la techno crépitante, la nuit, les éclairs, le bitume qui défile vers un lieu inconnu, dans une ville inconnue, et noyée sous la pluie. Oui, ça me paraît pas mal, tout est là. Mais mes camarades ont un accent chantant et ont l'air sincères tandis qu'ils s'indignent de ma situation. Ils trouvent complètement fou que François m'ait lâchée dans ces circonstances. Et ça, c'est réconfortant. Ainsi, le scénario du film d'horreur se dissipe et disparaît tout à fait quand nous nous garons devant l'entrée du camping. Au sol, des ornières débordent d'eau. Nous faisons des petits sauts de cabri pour les éviter, puis courons jusqu'à une terrasse abritée d'un auvent, où une dizaine de garçons et de filles parlent fort avec le même accent chantant, et partagent des bouteilles de gin.

Il n'y plus de place au camping. Je suis exsangue, et tremblante. Je pose mon gros sac au sol. J'ai froid, il est 2 heures du matin alors que je vis avec le soleil depuis près d'une semaine. Je devrais dormir depuis des heures. Et je ne suis pas près d'aller me coucher. Car si les amis sont théoriquement tous d'accord pour m'offrir un abri, ils sont jeunes (leur jeunesse m'explose au visage comme une grenade quand une des filles juge adapté de m'appeler « la dame »), saouls et n'ont pas du tout envie d'aller se coucher. Moi qui adore boire d'ordinaire, je n'ai aucune envie d'alcool. J'ai l'intuition, par ailleurs, que mon organisme, habitué depuis plusieurs jours à l'eau de la rivière, aux orties et au riz, risque de ne pas savoir très bien accueillir le délicieux poison. En profond décalage avec l'agitation et la joie juvéniles qui règnent sur cette terrasse, j'offre des bières à mes deux camarades et me résous à boire un pastis, comptant sur lui pour rejoindre la jeunesse dans sa gaieté. Il ne produit aucun effet. Le deuxième non plus. Moi qui aime tant l'ivresse, m'en trouve ce soir privée. Je rêve de m'allonger, d'avoir chaud. Le bonnet enfoncé sur la tête, la polaire et le K-way zippés jusqu'au cou, je grelotte, tandis qu'autour de moi les gens sont tous en short et T-shirt. La pluie continue de tomber abondamment. Les joints tournent, les bouteilles sont englouties, une enceinte portable posée sur la table diffuse du reggae et de l'électro. Je suis assise près de la table, légèrement en retrait. Je regarde mes hôtes, je contemple leur ivresse, leur volubilité et leur joie. « Dame » tout juste sortie des bois, je suis un sujet de curiosité. Je réponds à leurs questions en me rapprochant, puis prends plaisir à converser avec eux, à les écouter. Ils sont tous très sympathiques. Ceux avec lesquels je discute me surprennent par leur maturité et leur vivacité intellectuelle. Je suis à peu près sûre que je n'étais pas si pertinente ni si lucide à 22 ans. Ils sont aussi tous ariégeois, tous affligés par mon histoire et me confirment qu'on ne monte pas en montagne par ce temps, tous heureux de me donner des conseils pour découvrir leur région. Je m'entretiens longuement avec S. qui nourrit une véritable passion pour la montagne. Il me raconte ses expéditions, ses ascensions de nuit pour arriver au sommet au lever du soleil. Il illustre ses récits avec des photos qu'il me montre sur son portable et qui me subjuguent. Il est bientôt 4 heures, je ne tiens plus debout et à peine assise, mais décide que je resterai ici, et que je monterai seule vers les sommets.

7 h 30. J'ai dormi trois heures sur le canapé de mon sauveur, un jeune pompier. J'ai échangé mon billet de train. Trouvé un train de nuit qui me ramènera à Paris dans trois jours. J'ai pris la meilleure douche de ma vie. J'ai laissé un mot exprimant toute ma gratitude. Mon sauveur m'a non seulement offert le gîte mais aussi prêté un tarp, une sorte de bâche qui me sera bien utile pour m'abriter là-haut, un bâton de randonnée pour le faire tenir, ainsi qu'une bâche pour le sol. Mes camarades ariégeois se sont esclaffés lorsque j'ai dit que je n'avais pas de tente, mais que je comptais dormir par terre, dans mon sac de couchage, à la belle étoile, si je ne parvenais pas à trouver où accrocher mon hamac, ce qui est probable à plus de 1 500 mètres d'altitude. C'était d'une naïveté confondante. Les nuits sont humides, la Charente me l'a pourtant appris. Dormir à même le sol en pleine nature est la garantie d'un réveil trempé. Sans compter la pluie. Non, vraiment, j'ai porté haut les couleurs de la Parisienne à côté de la plaque sur ce coup-là. Je crois que si j'ai commis cette grossière erreur de jugement, c'est par bravade. Je veux m'impressionner, repousser enfin

mes limites, faire corps avec la nature. Débarrassée de François, je me sens pousser des ailes. Je dois m'en méfier. Elles pourraient me valoir de belles chutes. Mon sauveur, qui a décidément bon cœur, m'a aussi prêté une popote en inox pour la cuisson et une cuillère. Par chance, je suis partie avec le firesteel de François, de l'amadou, du bois gras, ce qu'il restait de farine (pas grand-chose) et de riz (de quoi faire deux ou trois repas). Je suis équipée pour faire face à la vie sauvage. Je vais monter seule, comme une grande. Seule, tranquille... En attendant, me voilà dehors à nouveau, dans la brume de l'aube ariégeoise, sous des cieux bien plus cléments, encerclée de montagnes que je découvre, la nuit me les ayant dissimulées. J'ai le ventre vide mais me sens solide. Je prends de grandes inspirations, m'étourdis de ce paysage que je ne soupçonnais pas, longeant l'Ariège qui roule à mes pieds, vibrante et pleine d'écume, projetant mon regard vers tous ces sommets qu'il me tarde d'approcher. L'office du tourisme n'ouvre que dans une heure. Je trouve un café. Je commande un thé, mange un croissant, écoute les conversations des quelques âmes présentes. Elles ne me prêtent aucune attention. Je me sens en décalage, pas tout à fait là, de passage seulement.

À l'office du tourisme, j'expose mes intentions à un homme peu souriant. De mauvaise grâce, il me propose des circuits de randonnées. Je lui explique que je compte rester là-haut trois jours. Il m'oppose, péremptoire, qu'il est impossible de rester sur l'un de ces circuits pendant trois jours. Il faudra nécessairement redescendre pour se ravitailler. Je lui apprends que ça n'est pas du tout une option puisque le but est de rester là-haut, coupée du monde, jusqu'à dimanche soir. Il ricane.

— Mais vous n'allez pas partir avec dix litres d'eau ?

— Non, je filtrerai celle des montagnes.

Il ricane de plus belle. Il est dédaigneux et me déplaît souverainement. Je sais bien ce qu'il voit. Il voit une urbaine, ou pire, une Parisienne, qui n'a pas la moindre idée de ce qu'elle fait, qui cherche le frisson de la haute montagne pour alimenter son *feed* Instagram. Les humains ne me manquaient pas et j'ai hâte de m'en éloigner à nouveau. Il est vrai que je pars un peu à l'arrache, et qu'il n'y a pas si longtemps j'envisageais de dormir à la belle étoile dans mon sac de couchage, mais bon, c'était un moment d'égarement, ça arrive aux meilleurs. Je devais être accompagnée d'un guide. Jusqu'à présent, je suivais. Je suis désormais aux commandes et navigue à vue. Pour autant, je sais que je ne mérite pas son dédain. Je ne me départis pas de mon sourire et précise qu'on m'a dit le plus grand bien de la randonnée des Étangs Fourcat. Il s'esclaffe. « Mais celle-là, elle est très sportive ! » Ce type m'exaspère et ne m'est d'aucune aide. À chaque demande, à chaque question, il oppose du négatif, un refus buté. Il me fatigue et les photos que S. a prises lors de cette randonnée étaient bien trop séduisantes. Va pour le sport et les gros efforts. De toute façon, j'ai trois jours pour parcourir un circuit prévu pour deux. J'achète un livret qui détaille les étapes de mon itinéraire, commande un taxi qui me conduit à une dizaine de kilomètres de là, en direction du pic que je vise. Je discute avec le chauffeur tout en admirant les montagnes qui se dressent partout où on pose le regard.

Il m'avoue ne s'y être jamais aventuré, alors qu'il est né ici. Je suis quant à moi immensément heureuse de me savoir bientôt sur leurs versants. Je n'ai jamais connu la montagne que sous la neige. J'ai fait beaucoup de ski petite, avec mes parents, et ne connais les monts qu'immaculés. Il me tarde de les découvrir sans le fard de la neige. Je pars sans hésitation, je pars avec une sorte de foi, avec un désir implacable. Je suis fatiguée et impréparée, mais je me félicite d'être ici et maintenant, d'être là-haut très bientôt. Je ne laisse aucune inquiétude envahir ma belle envie si ce n'est la crainte de manquer d'eau. Puisque je sais qu'elle est le plus essentiel à ma survie et que je n'ai plus de pompe suisse. Il faudra donc filtrer, purifier, selon les principes exposés par François. Plusieurs étangs doivent ponctuer mon parcours, c'est toujours ça. Après quelques lacets, le taxi me dépose sur un parking discrètement niché entre les arbres. Nous convenons qu'il reviendra ici même dans trois jours, à 18 h 30. Je l'attendrai sur le banc de pierre. Le chauffeur regagne sa voiture tandis que j'ajuste les sangles de mon sac à dos. Je cours vers lui pour une petite précision de dernière minute. « Si je ne suis pas là à 18 h 30, n'hésitez pas à envoyer des gens à ma recherche. » Il rigole en mettant le contact et fait demi-tour pour repartir. Je ne plaisantais pas. Je le lui précise en haussant la voix, mais il ne réagit pas, me fait un salut discret de la main et s'éloigne.

Je suis les indications du livret pour m'élancer sur le sentier de randonnée. Et trouve le moyen de galérer à le trouver. Ça commence bien. Je pars à deux reprises dans des directions qui ne me semblent pas les bonnes avant de tomber enfin sur l'imposante centrale électrique qui marque le début du parcours. J'emprunte un petit sentier qui serpente entre les arbres. Aucune marque sur l'un d'eux ou sur une pierre ne m'indique que c'est le bon chemin, mais il ne peut pas en être autrement. Le dénivelé se fait immédiatement sentir. Je grimpe. Moi qui ai passé des jours à ne solliciter que mes bras, je prends un grand plaisir à allonger des pas déterminés, à sentir mes cuisses se contracter sur la pente et sous le poids du sac. Prudente, je prends appui sur les pierres saillantes qui sertissent le chemin et progresse vers le haut, accompagnée par les rumeurs du ruisseau qui coule au creux de la vallée. Le bruit de l'eau est partout. Car ce ruisseau horizontal, niché au creux du talweg, n'est pas le seul cours. Çà et là, l'eau se précipite vers lui, ruisselle sur la roche, saute sur les cailloux, et finit par s'y jeter. Ainsi, à plusieurs reprises, au cœur des sous-bois, j'enjambe des filets d'eau, passe à proximité de maigres cascades. L'orage a trempé la forêt qui se réveille sous le poids des gouttes encore accrochées aux feuilles. Je m'arrête pour contempler le liquide cristallin qui coule sur la roche brune et scintille par endroits, là où le soleil a réussi à se frayer un chemin entre les arbres. Cette course de pureté est apaisante à regarder. Attentive, j'explore les rides, les sillons, la vigueur de l'eau. La brève parenthèse passée au village est loin. J'ai chaud, ôte mon K-way. De nouveau, je goûte à cette ambiance sonore débarrassée des moteurs, et je me réjouis qu'il soit impossible ici que le vacarme d'un TGV ou d'une tronçonneuse me parvienne. Plus que du vent, plus que de l'eau. Même mes chaussures se font discrètes, muettes sur les roches, seul mon sac couine un peu. Chênes, pins, sapins, fougères, bouleaux, la végétation est dense, camoufle le ciel. Les crêtes se révèlent par instants seulement, entre les feuilles. La montagne ne se livre pas comme ça. Elle est étagée, s'effeuille, elle se mérite. J'enlève mon pull et poursuis mon chemin en T-shirt. Difficile d'imaginer que les nuits ne dépassent pas 5 °C par ici. Je n'ai pas de montre mais au bout de ce qui me semble être une heure et demie, je pressens une trouée un peu plus haut. J'accélère. Étouffée par la canopée qui m'a abritée ces derniers jours, j'ai envie de vertige. Je veux goûter l'espace. Je suis arrêtée dans mon élan lorsque j'aperçois un cheval. Je n'ai pas particulièrement peur des chevaux, mais je suis loin, je suis haut, il s'agit de ne pas contrarier les bêtes, quelles qu'elles soient. Je ralentis donc un peu. Le bel instinct. Le cheval n'est pas seul. Des tintements de cloches résonnent. Un troupeau de vaches. Bon. Je convoque quelques vieux souvenirs de recommandations face à un troupeau. Éviter de passer au milieu, surtout s'il y a des veaux. Bien. Il y a des veaux. Mais pour que mon immersion dans la montagne dure plus d'une heure trente, je vais bien être obligée de passer au milieu de ce beau monde, car c'est la seule façon de poursuivre mon chemin. Je m'équipe d'un bâton de bois trouvé au sol, croyant me souvenir que le bâton évoque à l'animal l'autorité du berger. Je prends une grande inspiration, tâche d'imiter l'assurance du berger et avance, soudainement à découvert au milieu d'un petit pâturage. Quelques pas et je me fige face à une paire de testicules gigantesques. Tout à fait intimidée par cette somme terrible de testostérone, je rebrousse chemin le cœur battant et les jambes flageolantes. Je me trouvais déjà bien brave de traverser un troupeau de vaches et de veaux. Mais si certaines de ces vaches sont des taureaux, je ne suis plus sûre que mon courage fasse le poids. Cachée derrière des arbres, j'observe les animaux. Je ne vois plus le propriétaire des testicules. En revanche, je vois quelques-uns de ses copains, sans doute aussi généreusement pourvus. L'un d'eux me fixe. Je détourne le regard. Piètre bergère. J'ai écourté mon séjour avec François, je ne vais pas écourter mon tête-à-tête avec la montagne à cause de quelques bovins. Pourtant, forcer le destin en passant entre toutes ces couilles géantes et ces cornes pointues me semble irresponsable. J'ai une fille, quand même. On entend peu parler cependant de gens morts, dans les Pyrénées chargés par des taureaux… Ah, que faire ? Je me sens coincée. Les bovins, eux, broutent, tranquilles. Je me lance à nouveau. Le taureau aperçu tout à l'heure est un mastodonte extraordinaire. Je n'ai jamais vu un tel bestiau. C'est une créature mythologique. Il ressemble en tout point aux pauvres bêtes exhibées au salon de l'agriculture et qui font la une des journaux, avec leurs épaules énormes et saillantes, leurs cuisses gonflées, leurs bouclettes blanches. Mon sang se glace. Il est encore dos à moi, mais tourne la tête dans ma direction. Je ne prends pas le temps d'interpréter son regard, je mets un pied devant l'autre, étouffant l'envie de fuir en sens inverse. Je serre fort mon bâton et baisse la tête. J'avance, c'est le prix à payer pour gagner les sommets. Je paye sans du tout savoir comment je réagirais s'il venait à l'un de ces individus l'idée de me charger. Je suis une ignorante. Et en ignorante, j'avance. Quelques centaines de mètres plus loin, je m'arrête enfin, le souffle court, le cœur battant à tout rompre. Je me retourne pour observer le troupeau. Je découvre que des veaux, il y en avait plein ! Dont un tout neuf, encore duveteux. Définitivement un petit trésor à protéger. Mais ils n'ont pas chargé. Ils ont senti que j'étais une fille bien, c'est sûr, que je ne mangeais presque jamais de viande. Encore pantelante, je reprends ma route, de nouveau entre les arbres. Pas de répit pour les cuisses, la montée est constante. Je repère ce que j'identifie comme étant de l'amadouvier. Ça pourra peut-être me servir. Avec mon couteau et des gestes hasardeux, je détache le champignon récalcitrant. Un peu fière, je le remise dans une poche de mon sac, riant de moi-même à l'idée que ce ne soit pas du tout de l'amadouvier, mais un morceau de moisi quelconque absolument pas inflammable. Je sors enfin de la forêt, pour de bon semble-t-il.

Je suis essoufflée. Je n'ai mangé qu'un croissant qui m'a paru bien moins nourrissant que mes bouillies d'herbes et de riz. Je n'ai pas faim. Mais je me sens faible. Je mange peu depuis près d'une semaine. Trop peu. Je vois que je maigris. Il faudra que je me remplume en rentrant. J'essaie de fantasmer sur des plats que j'aimerais dévorer. Mais je ne suis pas inspirée. Je n'ai plus faim ici, en fait. Je me suis habituée à une nourriture insipide et semble avoir oublié le merveilleux plaisir de manger. Il reviendra, je ne suis pas inquiète. Le plaisir de boire et de fumer aussi. L'immersion dans la nature aurait-elle le pouvoir de guérir des addictions ? Pas de cigarettes, pas de vin blanc, pas de *stalking*… Je suis bien plus saine par ici. La nature soigne, c'est évident. Les études le confirment. Les « environnements de nature » augmentent les capacités cognitives (dont l'attention), diminuent le stress, améliorent la santé mentale. Un article paru en 1984 dans la revue *Science* établissait, à partir d'une étude menée auprès de quarante-six personnes ayant subi la même intervention chirurgicale, que les patients se rétablissaient plus rapidement après une opération et consommaient moins d'analgésiques si leur chambre d'hôpital donnait sur du vert. J'ai encore très présent à l'esprit le témoignage d'une youtubeuse suédoise* que j'avais interviewée pour un article. Elle racontait qu'elle avait trouvé dans les moments d'immersion en forêt pour tourner ses vidéos de *bushcraft* une quiétude jamais atteinte et une solution inespérée à une hyperactivité qui lui avait toujours nui. Dans la nature, elle avait trouvé la possibilité de se concentrer durablement sur ce qu'elle faisait. Ce qui lui avait permis de conquérir enfin sa confiance en elle. Cette « guérison » au contact de la nature a été étudiée par la science et porte un nom : « la théorie de la restauration de l'attention ». Au début des années 1970, Rachel et Stephen Kaplan ont demandé à des personnes habituées à fréquenter des espaces naturels de tenir un journal de bord. C'est à la lecture de leurs expériences que les deux chercheurs ont développé le concept d'« environnement restaurateur ». Les participants voyaient dans ces escapades des expériences reposantes, régénérantes. Ils évoquaient des états de réflexion, de prise de recul avec leur vie et les priorités du quotidien. Je me retrouve tout à fait dans ces observations. La prise de distance a été immense et quasi immédiate. Quelques coups de pagaie ont suffi. La nature, en nous éloignant des vanités de la civilisation, en nous arrachant aux automatismes de la ville, aux petites histoires qu'on s'y invente, à la vitesse, nous offre l'occasion de nous déprendre de

---

* Emelie's outdoor adventures.

nos conditionnements, de reconquérir un libre arbitre malmené, d'oublier un peu son nombril pour considérer quelque chose de bien plus grand que soi-même, quelque chose qui nous dépasse. La société contemporaine dicte nos désirs, exalte la compétition, produit l'insatisfaction, valorise l'agitation et condamne la contemplation. Elle fait de nous des êtres engoncés, impose des existences étriqués, étouffe la pensée. J'ai l'impression qu'il faut resquiller, faire sans cesse preuve de vigilance pour ne pas se laisser broyer, pour ne pas poursuivre aveuglément des objectifs qui n'ont finalement aucun intérêt. La nature explose ces cadres, atomise ces diktats, nous rend la liberté et le temps perdu. Je crois que la nature rend moins con.

Une large langue d'herbe piquée de grosses pierres se déploie entre deux montagnes. Il ne s'agit pas d'être performante et de battre un quelconque record, aussi je décide en m'asseyant de goûter un peu à ce gigantisme que j'ai tant convoité. Je n'entends plus les cloches des pâturages mais toujours le ronron de l'eau, jamais très loin. Je ne pense pas à ce soir, qui me fait si peur. Le paysage me confirme ce que je craignais. Sortie de la forêt, il va être compliqué de trouver deux arbres suffisamment proches pour accrocher mon hamac. Il faudra faire avec le tarp et la solitude dans l'obscurité, dans cette immensité. Non, je n'y pense pas. Je chasse l'idée, parviens à me lover très confortablement dans l'instant. Pas une âme, pas un fracas. Un écoulement continu seulement, d'eau, de vent. Face à moi, la chaîne qui se déploie, les montagnes qui se suivent, à l'infini. Il n'y a ici plus trace de la civilisation. Projeter son regard au loin n'y change rien, on ne distingue pas le moindre ouvrage humain. Ce paysage n'a pas dû beaucoup évoluer depuis des siècles et il est très reposant à contempler. C'était là bien avant, ce sera là bien après. Et j'y suis très bien maintenant.

Je m'allonge dans l'herbe encore humide. Le ciel est d'un bleu franc. Il doit faire 25 °C. Pas un nuage, l'orage a lavé le ciel. Je ferme les yeux. Je suis épuisée. Je dors un peu je crois, à la lisière de la conscience. Puis je me remets en marche. Je suis chargée et avance moins vite que les prévisions de mon petit guide, je ne dois pas trop lambiner. Il me semble que je devrais atteindre un sommet après cette étendue. Je grimpe dans cet espoir. La végétation change, elle se tasse, se rapproche du sol. Il y a moins d'arbres, c'est l'empire de la roche qui s'annonce. Arrivée en haut, point de sommet, mais de nouveaux flancs, de nouveaux versants, altiers. Je ne me démonte pas, je poursuis ma route à un rythme que je juge très honorable. Sur une paroi rocheuse, une espèce de relais de je ne sais quoi d'où partent des câbles. Cette intrusion de l'ingénierie humaine me déplaît. Mais je n'ai encore rien vu. On a souvent tort de se croire hors de portée des ouvrages humains. On en trouve même sur Mars aujourd'hui. Parvenue en haut de cette première et très longue montée, au lieu de trouver enfin l'étang que le petit guide m'a promis, je tombe sur le gigantesque barrage qui le balafre. Cela provoque chez moi une profonde mélancolie. C'est grossier, c'est brutal. L'étang n'a rien de naturel. D'un bleu de lagon, niché entre des crêtes minérales, il avait pourtant de beaux atouts, mais cette paroi en béton lui donne des airs de grande piscine. Sur l'un des versants, des centaines de moutons paissent. Je n'ai jamais rien lu sur d'éventuelles charges de moutons. Je les approche donc paisiblement. Ils détalent. J'apprécie les moutons en haute montagne. Parce qu'ils ont peur de moi. Les critères d'appréciation changent dans la nature.

La pente est plus raide par ici. Le chemin ne l'aborde pas frontalement. Vaguement oblique, il serpente parallèlement à la crête. La sensation de montée n'en demeure pas moins très nette et la progression est entravée par des pierres saillantes auxquelles il faut prendre garde si on ne veut pas finir dans la grande piscine après s'être copieusement écorché. Je conserve un rythme soutenu, les yeux rivés au sol, et chaque fois que je les lève, la montagne me rappelle mon insignifiance. Elle n'a pas changé d'un iota, je ne l'ai pas parcourue. Elle ne se laisse pas parcourir. Elle exige du temps et de la sueur. La grande piscine semble bien plus étendue maintenant que je la longe. Je suis un insecte. Mes pas sont microscopiques. Mes déplacements n'ont aucun impact sur le paysage. Il est comme figé dans sa démesure. Peut-être est-ce la fatigue, peut-être est-ce la faim (que je ne ressens pas), mais mon humeur change. Je me sens toisée par ces montagnes, je me sens écrasée. Et prise au piège. Où que je pose mes yeux, elles me dominent. Dans un texte intitulé *The Riddle of the Apostle Islands*, l'historien William Cronon pose que « l'autonomie de la nature non humaine est un indispensable correctif de l'arrogance humaine ».

Je confirme, ça marche très bien, je reçois une bonne correction.

Je suis censée camper à 800 mètres de dénivelé et à des kilomètres d'ici. Je crains de ne pas arriver à temps, soit trois heures avant la tombée de la nuit. Je consulte l'heure sur mon portable. Il est 14 heures et je n'ai toujours pas de réseau. Je recherche l'éloignement du monde des humains, une déconnexion franche et massive, mais cette absence de réseau me chagrine. Pas le temps de m'appesantir. Seules l'heure et ma progression comptent. J'établis qu'il est encore jouable d'atteindre mon but initial. Je poursuis. À plusieurs reprises, je dois poser la main à terre pour rétablir mon équilibre, ou pour assurer ma sécurité. La première fois, je la pose sans méfiance et me pique. Les touffes d'herbes ici n'ont rien de tendre. Elles sont raides et aiguisées en leur pointe. Lorsque je regarde à nouveau mon téléphone, il est 14 h 40 et je suis à peine venue au bout de l'étang. Autour de moi, les montagnes m'opposent exactement la même silhouette arrogante. Je me jette malgré moi dans un anthropomorphisme de bas étage et je leur prête une animosité certaine. À cet instant, je trouve la nature hostile. C'est absurde. En écrivant ces lignes, je me dois d'exprimer ce que je pense en réalité, quand les paumes de mes mains ne sont pas criblées de petits points rouges dus aux herbes, quand je ne suis pas au milieu d'un cirque de sommets dont je me sens prisonnière : la nature n'est pas hostile, elle n'est pas complaisante, c'est différent. Et nous, habitants gâtés de l'Occident, nous sommes habitués à la complaisance. Je comprends que les humains aient toujours rechigné à s'établir en montagne. Là-haut, presque rien ne pousse, et il faut constamment regarder où l'on met les pieds sous peine de se rompre le cou. Impossible de penser le moindre projet de société lorsqu'on doit à ce point garder les yeux rivés au sol. Même les animaux semblent s'être désintéressés des lieux. Depuis mon départ, je n'ai croisé qu'une minuscule grenouille, deux lézards, une corneille et deux ou trois oiseaux affutés fendant la bise par à-coups comme des petites lames de couteau. Pas de quoi faire ripaille. À l'exception de ces derniers, les animaux que j'ai croisés sont domestiqués. Il paraît que des isards peuplent aussi ces sommets. J'ai l'intuition que je n'en croiserai pas un seul. Si jamais une faune existe bel et bien par ici, elle prend grand soin de se soustraire au regard. Je ne lui jette pas la pierre. Moi non plus, je n'ai aucune envie de croiser un humain.

Je commence à m'essouffler un peu, mais je poursuis ma route. Il est essentiel de ne pas m'arrêter, sinon je n'arriverai jamais aux étangs où j'ai prévu de bivouaquer. Il n'y a dans les parages aucun terrain susceptible d'accueillir mon corps endormi. Tout plonge vers le bas. Le plat n'existe plus. Alors il faut avancer, pas le choix. Un avion surgit de derrière une montagne, à la verticale. Vu d'ici, il ressemble à une fusée. Cette vision achève de m'égarer. Les repères n'existent plus, tout est démesuré, tout est différent. À part le vrombissement de l'avion, égal à lui-même, improbable familiarité dont je me serais bien passée. Ai-je été trop ambitieuse dans le choix de mon parcours ? Entêtée, je ne faiblis toujours pas, poussée désormais par une décharge d'adrénaline, il faut y arriver, c'est tout. Le soleil cogne, je suis en nage. Je suis arrivée au bout de l'étang, je suis même au-delà, mais le cadre est toujours aussi sévère, la sensation d'encerclement aussi vive. Et je ne sais pas si je dois mon soudain découragement à l'évaporation de l'adrénaline, mais il est bien là. Le piège se referme. Je ne suis pas une promeneuse, je suis supposée vivre ici, dehors, cela change les perceptions. Je crois que si l'on ne fait que passer dans la nature, en sachant qu'on retrouvera la sécurité des murs le soir venu, elle reste un décor. Elle apparaît avec plus d'âpreté, on en décèle davantage les dangers potentiels, l'indifférence, on voit en elle une sorte de suprématie intimidante quand on sait qu'on va y dormir. Le paysage est de plus en plus lunaire. Il est si impressionnant qu'il échoue à m'émouvoir. Il me fait peur. Il évoque l'étrangeté, un ailleurs interdit. Il est un milieu qui n'a pas vocation à m'accueillir et qui ne me facilitera pas la tâche. C'est là que l'évidence me percute : je suis désormais en haute montagne. Il n'y a plus d'arbres. Je ne trouverai pas de quoi lancer un feu, donc de quoi purifier l'eau, si tant est qu'il y en ait. Le doute est permis. À l'exception d'un gros filet qui cascade sur le versant opposé et diffuse un ronron d'autoroute, cela fait pas mal de temps que je n'ai pas croisé d'eau, celle, stagnante, de la piscine n'étant à mon sens pas potable. Comment puis-je me débrouiller en haute montagne ? Je suis censée vivre ici trois jours, dormir, boire, manger. Je me trouve déjà à plus de 1600 mètres d'altitude. Les étangs que je dois atteindre sont à 2300 mètres. Une nuit à 2300 mètres ne m'évoque soudainement rien qui vaille. Je décide de faire une pause. Je détache mon sac et soupire de soulagement en le laissant tomber au sol. Je prends garde à bien coucher les herbes drues et m'assieds.

J'étais encore en train de me fourvoyer. Je voulais m'établir dans un désert de roches perché à 2300 mètres d'altitude, c'est cela que j'avais en tête. Ça ne me réjouit pas de l'admettre mais c'est la triste vérité, celle d'une urbaine ordinaire. Je décide de rebrousser chemin pour trouver où m'installer plus bas.

J'ai quatre heures de marche dans les pattes et renoncer n'est pas une inclination naturelle chez moi, mais c'est la seule chose à faire. Je voulais aller jusqu'au sommet, je voulais dominer, tutoyer le ciel. J'étais une touriste. Je voulais du mouvement, reproduire une espèce d'agitation à laquelle je suis habituée, je voulais en voir le plus possible, aller tout là-haut, en avoir pour mes efforts, rentabiliser le voyage. J'étais complètement à côté de la plaque. Une fois de plus. Je ne suis pas venue pour faire de la randonnée. Je suis venue pour m'immerger. C'est fou ça, deux heures d'inattention et on redevient un consommateur. Je m'apprêtais à consommer la montagne, à la visiter comme on visite une ville.

Ma crème solaire est dans le fond de mon sac, mon chapeau aussi. Je suis une toute petite chose rouge écrasée par les hauteurs et le soleil. Je hisse mon sac sur mes épaules en grognant et fais demi-tour. Après une heure de marche et un virage, le versant verdoyant que j'ai quitté plus tôt n'est plus le même. Le soleil l'a délaissé et il se révèle à présent dans toute sa rudesse et par dix bons degrés de moins. Il n'est plus qu'une masse sombre. Et s'il n'y avait pas eu qu'un seul chemin, je serais bien en peine d'affirmer que je l'ai déjà foulé. À l'ombre, il présente un nouveau visage. Je le trouve sévère et regrette ce soleil parti vers d'autres pentes et qui ne reviendra pas me chauffer avant demain. Je me couvre, superpose deux pulls sous mon K-way. Je descends toujours et trouve finalement une terre éligible pour accueillir ma nuit. Le sol est relativement plat par endroits, de grosses pierres pourront accueillir mes petits feux. Tout cela est très satisfaisant, surtout pour une mule épuisée et écrasée par son sac à dos.

L'urgence est de monter le tarp. Car mon hamac est inutilisable par ici. Je me sens bien, je suis enthousiasmée par ce lieu dans lequel je passerai la nuit, mais sais qu'à mesure que la lumière décline, le besoin d'avoir un abri correct va se faire de plus en plus pressant. Le tarp peut s'installer de différentes façons. Mon sauveur ariégeois les a passées en revue. Il est préférable de le tendre entre deux arbres, à l'aide d'une corde qui fait office de faîte, mais c'est impossible ici. Pas d'arbres assez proches l'un de l'autre. Je dois donc avoir recours au bâton de randonnée que mon sauveur m'a prêté, et qui fera office de mât. Un petit frisson me traverse. Je frémis d'imaginer avoir eu à m'abriter sans ce matériel de tricheuse. Incapable de reproduire l'abri de fortune construit laborieusement en Charente, paniquée de devoir trouver un grand bâton pour faire tenir le tarp – alors qu'il n'y aucun bout de bois au sol –, je me sens dépourvue. Je ne m'estime pas encore tirée d'affaire. Il faut trouver de l'eau, la faire bouillir, faire du feu donc, et plus vite que ça. Tout d'un coup, la somme des tâches à accomplir me paraît écrasante. Je suis en train de me noyer dans un verre d'eau, je sais bien que c'est cet exil sans précédent qui me fragilise, il n'empêche, je bois la tasse. Je n'ai jamais monté de tarp, garde un souvenir plutôt confus des recommandations du jeune homme qui me l'a prêté, ne dispose que de quelques petites heures avant la nuit. Sang-froid. Maître-mot de la vie en milieu naturel. Je respire un bon coup sans regarder le paysage. Dans ces circonstances, il m'intimide beaucoup trop. Je me perdrai avec délice dans la contemplation quand j'aurai un abri qui tient debout. J'ai des tentations de repli, des envies infantiles de cachette, je veux pouvoir me calfeutrer. Je ne me l'avoue pas à cet instant, mais la vérité est simple : j'ai peur. Peur de l'immense, peur d'être seule, peur d'être si petite ici. Je m'active. Déplie le tarp. Je ne connais pas ses dimensions, mais elles sont suffisamment imposantes pour que je m'empêtre, que je ne sache pas dans quel sens installer la chose. Mes capacités cérébrales sont clairement altérées par l'effet que la solitude et l'immensité, sœurs unies et inquiétantes, produisent sur moi. Le procédé est pourtant simple. Mais il était 4 h 30 du matin quand mon camarade m'a expliqué la marche à suivre. Je m'apprête donc à improviser. Ça m'ennuie d'avoir à le faire avec un tel enjeu. Si mon abri ne tient pas et qu'il s'affale sur moi en pleine nuit, c'est tout à fait embêtant. Pas le temps d'envisager le pire et de paniquer. D'un doigt mouillé et levé, j'essaie de déterminer d'où vient le vent pour orienter l'entrée. Mais les courants changent, non ? Tant pis, il faut bien le monter, ce tarp. Je suis un étrange mélange de calme et de panique. Des pensées terrifiantes me traversent alors que mes gestes sont précis, ma concentration inébranlable. Des œillets bordent la vaste bâche. Je passe des sardines sur trois des côtés, les enfonce dans la terre en tapant avec le manche de mon couteau. Puis c'est l'heure de vérité. Je dois désormais soulever l'avant du tarp grâce au bâton de marche. Mon camarade m'a expliqué qu'il fallait sécuriser l'édifice à l'aide de la corde, mais je ne me souviens plus de ses explications. J'étais tellement fatiguée et impatiente d'aller me coucher que j'ai prétendu, pour abréger, que je savais faire les nœuds, quand il m'a posé la question. Or je ne sais pas faire les nœuds. Bien sûr que non. Je sais à peu près faire mes lacets, mais c'est toute ma science en la matière. J'improviserai aussi les nœuds. Je place le bâton à l'avant, le manche au sol et la pointe passée dans l'œillet du milieu. Le tarp s'élève et forme un triangle dans l'espace. J'attache la corde comme je peux à l'extrémité haute du bâton de marche et la tends jusqu'à une sardine que j'enfonce à deux mètres devant l'entrée. Mais je trouve l'édifice flageolant. Je réajuste donc les sardines à l'arrière de façon à le tendre. Il s'agit que le bâton tienne bon. Ça a l'air d'être le cas. Le vent est faible. Est-il raisonnable de compter sur la constance de ce petit vent inoffensif pendant plusieurs jours ? Je compte dessus quand même. Je me recule pour admirer mon œuvre. Je ne suis pas mécontente. J'aurais peut-être dû installer la bâche de sol avant. Tant pis, je la déploie tant bien que mal sous ma belle architecture. Elle fait de gros plis, bien entendu, c'est un peu n'importe quoi mais elle me protégera de l'humidité. Je ne suis pas certaine de la robustesse de mon abri qui me semble bien dérisoire dans cet espace ouvert sur l'infini. Les sommets s'élèvent derrière, à gauche, à droite, puis se suivent au-devant, détalent jusqu'à ce qu'ils se dérobent au regard. Les distances sont mouvantes ici, les repères incertains. Mais l'immense l'emporte. Définitivement, l'immense l'emporte. Je prends de grandes inspirations tandis que mon regard se perd vers l'horizon crépusculaire, au bout de la chaîne de montagnes. Elles semblent ne jamais s'arrêter d'avancer sur la terre. Je suis absolument seule au monde. Je n'ai jamais dormi seule au monde. J'ai contemplé les dunes du Sahara, connu le silence suffoquant de la *Death Valley*, me suis émerveillée de la faune peuplant le Ngorongoro, mais il n'était pas question que je dorme à la belle étoile dans ces lieux-là, encore moins seule. Mon corps et mon esprit le savaient. L'immensité n'avait pas le même goût. Ici et maintenant, elle pèse de tout son poids. Abandonnés par le soleil, les versants sont bruns, un peu austères, mais à l'horizon, l'astre les caresse encore, les rend doux, et partout au-dessus le ciel colore l'instant. Il est d'un bleu tendre, ponctué de fragiles virgules nuageuses, roses, qui semblent avoir été brossées par un peintre délicat. Ces contrastes sont émouvants. La tendresse des cieux rassurante. Je n'en suis pas moins sur la corde raide, je le sens. Je peux basculer dans l'angoisse en un clin d'œil. Mais à chaque seconde suffit sa peine. « T'es pas si mal, mon vieux. Tu as de l'allure », dis-je à voix haute à mon tarp. Je n'ai pas parlé depuis plusieurs heures, tout au plus marmonné mon inquiétude face aux taureaux. Ma voix ne porte pas, elle s'éteint à peine sortie de moi, purement et simplement absorbée par l'espace.

Il me faut maintenant du feu et de l'eau. Le feu ou l'eau d'abord ? Le feu, je me souviens qu'il faut toujours faire le feu au plus vite. Craignant de le laisser sans surveillance, je décide pourtant de faire une entorse à la règle. La probabilité de déclencher un incendie me paraît très faible, étant donné le type de végétation, l'humidité ambiante et le fait que j'installerai mon petit brasier sur une grosse pierre, mais on n'est jamais trop prudent. Je suis tolérée ici, sans plus. Il s'agit de faire profil bas et de toujours garder un œil sur les flammes.

Je me hâte donc de reprendre le chemin des cimes à la recherche d'un ruisseau que j'ai repéré. Je me passerais bien de cette petite promenade. Les trois heures de sommeil de la nuit dernière et les 1000 mètres de dénivelé gravis dans la journée me collent des semelles de plomb. Je grimpe sur le chemin de pierre, guette impatiemment le bruit de l'eau. Mais seule me parvient la rumeur ininterrompue de celle qui court dans la vallée. Je n'ai pourtant pas rêvé ce ruisseau. Était-il si loin ? Si haut ? Le doute est constant. Je ne regarde pas bien la montagne, pas comme il faudrait lorsqu'on est censé y vivre. Je la contemple mais ne mobilise pas toutes les facultés d'observation nécessaires et elle me demeure étrangère. D'autant que je dois bien regarder où je mets les pieds. Se fouler une cheville par ici doit être jouissif. Machinalement, je jette un œil à mon portable pour voir si les gens capables de réparer les chevilles sont joignables. Non, toujours pas de réseau. Jouissive donc, l'entorse. Autour de moi, le monde est pente, roche, pic. Le monde est vaste, et vertical. Les humains sont loin. Je n'en ai croisé qu'un aujourd'hui. On s'est salués. Les humains se frôlent et s'ignorent dans les villes, mais se saluent toujours dans la nature. Cela m'évoque les fourmis qui s'effleurent brièvement les antennes quand elles se croisent. Sortis des villes, nous avons un peu de la grâce des fourmis. J'entends enfin l'eau. Je trouve le robinet bien loin de mon campement. J'entreprends de remplir ma gourde. L'eau glisse sur la roche et seul un modeste caillou me permet d'obtenir un semblant de jet que je recueille amoureusement. L'inclinaison n'est pas suffisante, ça prend des siècles. J'échoue à remplir entièrement la gourde mais ça ira bien et je redescends. En principe, il faudrait filtrer maintenant, avant de faire bouillir. Je pourrais le faire. Processus inutilement fastidieux tant cette eau me semble claire. La faire bouillir devrait suffire. J'espère survivre à cette flemme-ci.

Le feu maintenant. Je me mets en quête de menues branches et brindilles. Je suis niaise mais pas au point d'espérer trouver des bûches par ici. Et puis je souhaite m'en tenir à une modeste flambée. Je suis obligée de prélever quelques branches sur les arbres, car il n'y a décidément rien au sol. Je trouve aussi des arbustes épineux qui me prodiguent d'excellentes brindilles, bien sèches. Je dépose mon butin selon la méthode de l'*upside down fire* et vais chercher l'amadou. Mon sac est mal rangé, je peine à trouver le précieux champignon. C'est l'heure de l'épreuve du feu. En Charente, c'était devenu pour moi une formalité, mais mon récent savoir-faire m'a-t-il suivie jusqu'ici ? Le vent s'est un peu levé. Je sors le firesteel. Je gratte le bois gras. Je suis très concentrée. Le vent me contrarie, il joue avec mes copeaux, les disperse. Pour mettre toutes les chances de mon côté, je prélève aussi un peu d'écorce de bouleau, à quelques pas de là. Je gratte mon morceau d'écorce pour en tirer quelques copeaux, y ajoute du bois gras et protège le tout en ouvrant mon K-way, priant le dieu de la montagne pour qu'il ne prenne pas feu. Je parviens à les embraser. Avec le morceau d'écorce, je dépose les copeaux crépitants sur mon tas de bois. Mais ma précipitation de débutante les éteint avant que le bois n'ait eu le temps de prendre. Je m'y recolle. Échoue à nouveau. Je ne me souviens pas si ce que je m'apprête à faire est académique, mais je décide d'utiliser l'amadou. Tellement conciliant celui-là, il se nourrit de l'étincelle produite par la friction du firesteel et crée en un clin d'œil une minuscule braise. Je retiens mon souffle de peur de la voir s'éteindre. Mais, tranquille, elle grandit doucement au contraire, comme je l'ai vue faire au bord de la Charente. Je niche le morceau incandescent avec mille précautions au cœur d'une grosse boule d'herbes sèches, reproduisant scrupuleusement ce que François m'a enseigné. Il était odieux, mais j'admets qu'il était bon pédagogue. Je souffle, je souffle, la fumée s'épaissit, je reconnais le symptôme, le juge encourageant. Je pose la boule fumante, sur le tas de bois. Souffle doucement, encore, et sans relâche. Il faut de l'oxygène de manière aussi continue que possible pour que les herbes s'embrasent. Nous y sommes ! La flamme naît, petite et vacillante. J'exulte. Il faut à présent qu'elle se fraye un chemin jusqu'en bas pour que le feu prenne définitivement. La flamme fait des petits. Hydre encore timide, elle se répand, léchouille le bois. Les petits semblent étouffer, l'extinction n'est pas loin. Je souffle à nouveau. Il faut que je mange. Il faut que je boive. Ce feu est indispensable. Les petites flammes renaissent, sortent, tremblantes du cœur de mon édifice. Cette fois, c'est bon. Les petites flammes se sont bien battues. Je les regarde grandir, et m'en émeus le plus sérieusement du monde. Dans *Contact*, le philosophe Matthew Crawford développe le concept d'*agency*. L'*agency* désigne le sentiment d'avoir un impact sur le monde lorsqu'on fait quelque chose de ses mains, lorsqu'on mobilise son attention et sa concentration pour cela. L'activité manuelle est pour Crawford comparable à un exercice spirituel, à une ascèse qui permet de rétablir un contact avec le monde à une époque où notre attention est sans cesse sollicitée, détournée, monnayée, bafouée. L'*agency*, c'est la joie de faire, et c'est précisément ce que je ressens devant ce tas de bois. Le temps n'a plus d'importance, les distractions tombent, je me suis dédiée entièrement à mon objectif. Et de mes mains incertaines, de mon souffle néophyte, je me suis donné les moyens de l'atteindre.

Pas question de poser enfin mes fesses pour m'absorber dans la contemplation des sommets qui cavalent devant moi et sous le beau crépuscule. Il faut encore trouver deux trois sources de vitamines et de protéines. Il faut que je me nourrisse. Alors gare à vous, plantains, orties, ce soir, la cueilleuse est de sortie. Je ne trouve que peu de plantain, prends la pleine mesure en revanche du fait que j'ai élu domicile dans une zone de pâturage. Les lieux sont en effet minés de bouses préhistoriques. Je sais que j'aurai une pensée pour elles au moment de m'endormir, croisant les doigts pour ne pas me réveiller au milieu des taureaux. Je récolte une certaine quantité d'orties. La végétation n'est pas particulièrement variée. Le sol s'habille principalement d'herbe, d'orties, d'arbustes épineux, et de bruyères en contrebas… Mais il n'y a guère de fleurs par exemple. Je garde une partie de l'eau bouillie dans la gourde, et jette dans celle qui reste une poignée de riz. Dans l'ombre, face à la lumière du couchant qui a conquis le ciel et teinte tendrement les sommets, je dîne de riz et d'orties bouillies. Toute à ma contemplation, je mange de bon cœur et n'en laisse pas un grain. Si le couchant est si beau, peut-être cela tient-il aussi à sa dimension tragique, puisque chacun le sait prompt à s'éteindre tout à fait, à céder à l'obscurité, à céder à ce qui, ici, s'apparente au néant. Tandis que je frissonne sous les assauts de l'humidité, les montagnes commencent à se fondre lentement dans la nuit, à faire corps avec elle, à n'être plus que des masses monumentales, des masses d'abstraction. Je revêts ma lampe frontale pour pouvoir continuer à prendre des notes, me forçant à ignorer l'armée des masses qui m'encercle. Ce que je réussis assez bien à faire dans un premier temps, enthousiasmée par ma journée, mes désillusions, mes aventures, mes efforts, mes échecs, mes cuisses qui ont gravi et que je sens vivantes et chaudes. Puis je me mets à trembler. De froid. Et d'immensité aussi, je crois. J'ai une conscience aiguë de l'espace inouï au cœur duquel je me trouve. Plongé dans le noir, il réveille des peurs primaires et me pousse à me réfugier sous le tarp, au creux de mon sac de couchage. Je claque des dents lorsque je m'y glisse. J'espérais que la pente ne serait pas trop sensible à l'horizontale. Elle l'est. Je me sens glisser, je m'entends glisser même. Mon sac de couchage crépite. Le sol est d'une dureté cruelle, d'un froid assassin. Et je sens chaque pierre qui affleure. Je crois bien que le vent a tourné. Il s'engouffre, se fraie un chemin jusqu'à mon visage, qu'il glace. Et dire que j'étais en nage il y a quelques heures. Mon tarp devrait tenir cependant. Je ne m'en suis pas trop mal tirée, mes approximations le laissent debout malgré tout, dans le vent. Je distingue l'ombre d'un gros pin en contrebas, et celle de la montagne derrière lui, gigantesque. Je ferme les yeux, me recroqueville. Cette démesure m'inquiète. Être isolée en son sein est très perturbant. Je ne manque pas d'imaginer les errances du *serial killer* ariégeois, qui s'est emmerdé à grimper jusque-là et se révélera de la sauvagerie la plus extrême quand il s'en prendra à moi, pauvre chaussette géante empêtrée sous le tarp. Je sais bien sûr que mon scénario est improbable, mais j'imagine le pire. Parce que je suis seule, parce que je suis fragile, parce que je ne peux compter que sur moi-même, et que, manifestement, je ne me fais pas encore tout à fait confiance. Je serre le couteau tout contre moi, dans son étui. Le bruit de la rivière enfle à mes oreilles. Les sons n'ont rien de familier. Noyés dans l'immensité, ils sont partout et nulle part à la fois. À l'exception de la rivière, je suis incapable d'en identifier un seul. Dormir dehors en montagne est une expérience bien différente de celle que j'ai connue sur les bords de la Charente. Mes nuits n'étaient certes pas paisibles là-bas mais leurs bruits identifiables car ils étaient proches. Ici, ils semblent opérer des va-et-vient depuis et vers le néant. Mon cœur bat la chamade. Je suis terrorisée. J'ai l'impression d'avoir fait une énorme bêtise, que c'était fou de venir m'enfermer dans l'infini, loin des secours. Je me dis que mes fantaisies font de moi une mère indigne. Je m'en veux beaucoup d'être là, d'avoir si peur et si froid. Mais je suis épuisée et me sens glisser dans le sommeil comme sur le sol. Un bruit m'en tire. Je perçois dans un demi-sommeil l'accélération d'une moto. Cette perception est si claire que je me réveille tout à fait. Et même éveillée, je continue d'entendre l'accélération d'une moto. Distinctement. Mes sens sont à ce point désorientés qu'ils vont chercher la familiarité dans des mirages. Je me recouche, la rivière ronronne comme une autoroute, et je suis intranquille. J'évite de regarder dehors. Je réajuste mon bonnet. Transie de froid, je n'ai pas eu le courage de me changer avant de me coucher, je me suis glissée tout habillée dans mon sac de couchage. Mon corps a chauffé le sac mais cette bise humide qui se fraye un chemin jusqu'à mes joues me réfrigère. Emmitouflée dans mon sac, j'atteins l'entrée de mon abri pour voir comment je pourrais faire barrage au vent. Avec mon sac à dos ? Mon grand foulard ? Non… Je n'ose pas regarder dehors. Ignorer le dehors, c'est mon petit réflexe de survie à moi. J'ignore le dehors car il me donne des palpitations et que j'ai parfois l'impression que mon cœur va lâcher. La tentation est grande de garder les paupières obstinément closes. Pour autant, un drôle d'instinct me pousse à jeter un œil vers le ciel, véritable acte de bravoure. Cela me vaut une découverte extraordinaire. Je me contorsionne pour sortir la tête, suis instantanément happée par un vertige sidérant. Jamais je n'ai vu un ciel pareil. Il m'est arrivé de contempler des cieux à peu près préservés de la pollution lumineuse et, de fait, bien plus généreux en étoiles que les nuits parisiennes. Mais jamais comme ceux-ci. Les étoiles sont si nombreuses ce soir qu'elles semblent se toucher. Le noir de la toile qui les abrite est si profond qu'elles brillent et clignotent avec une vigueur que je ne leur connaissais pas.

C'est sublime. Mais c'est trop. Et mon penchant naturel serait de me cacher à nouveau sous ma bâche. Mais je le combats et continue de regarder. Qui sait ? La nuit de demain sera peut-être nuageuse. On ne tourne pas le dos à un spectacle pareil. Un creux de terreur dans le sternum, je fais honneur aux étoiles. La Voie lactée se dessine, parfaitement nette. Je suis toute petite. Loin des humains, sous la voûte céleste, je flotte, perdue.

Le froid prend le dessus. À nouveau, je me retranche, et adopte une position fœtale. Je me sens sale. Mon corps s'est couvert d'une sueur froide, d'une moiteur répugnante. Imaginer une toilette le lendemain dans le ruisseau glacial me paraît inconcevable. Il le faudra bien pourtant. Je tremble. Et la peur insiste, ne me quitte pas. Peur de mourir, tout simplement. Le ridicule d'une pareille crainte ne m'échappe pas, mais ne change rien à mon état. Épuisée, je m'endors malgré tout, bercée par une autoroute imaginaire. Mais me réveille peu de temps après évidemment, inquiète toujours, aux aguets et le souffle court, l'œil perdu dans le noir. Et si éclatait un orage ? Le ciel étoilé laisse penser que je suis à l'abri d'un pareil événement mais la météo est si changeante en montagne. Je ne saurais quelle conduite adopter sous l'orage. Rester sous le tarp ? Mais le bâton de randonnée n'est-il pas en métal ? Je m'épuise, je me trouve assez décevante avec toutes mes inquiétudes. Je finis par lâcher prise. Je respire doucement, parviens à chasser les accents menaçants de l'eau qui gronde, à y entendre l'océan plus que l'autoroute. Je m'accoutume. Me laisse bercer par les lourds soupirs de l'océan, délirante, et m'endors pour de bon.

Je me réveille aux premières lueurs de l'aube. À mes pieds, le flanc accidenté de la montagne a retrouvé quelques couleurs. Mais je le trouve encore bien foncé. Le froid me titille les narines et me décourage de sortir tout de suite de mon épaisse chrysalide qui, finalement, m'a bien tenu chaud cette nuit. Je réajuste mon bonnet, toise toute cette roche qui me domine, qui prend toute la place dans l'embrasure du tarp. Les millions d'années sont gravées par ici. Sculpté par un vent patient, le versant présente une succession de dentelures monumentales, acérées jusqu'au sommet. Elles expriment sans effort l'immuabilité, oppose à mon regard de mortelle une permanence péremptoire…

« Le mur du rationalisme nous isole de l'éternité de la nature », dit Jung dans *Problèmes de l'âme moderne*. Sa pensée a beaucoup inspiré l'écopsychologie. Il postule l'existence d'un inconscient collectif, commun à toute l'humanité, et qui renvoie à son histoire la plus ancienne. D'après lui, nous portons tous en nous « l'homme archaïque ». Cet homme archaïque est l'empreinte d'une histoire vieille de millions d'années, celle de notre espèce. Jung affirme que chaque individu est dépositaire de « toute l'histoire de l'humanité » et que l'humain commet une erreur en persistant à oublier qu'il est un primate, et à oblitérer les couches primitives de sa psyché. « L'homme contemporain n'est que le dernier fruit mûr de l'arbre de la race humaine*. » D'où l'importance du contact avec la nature. Celle-ci nous permet de renouer avec cette part enfouie de notre être et par là même de nous extraire d'un monde étriqué, réduit à un présent borné. Et il est vrai que nous sommes à l'étroit. Plus que jamais même. Voilà des années que je considère que le projet d'une vie intéressante et libre va de pair avec une vaste entreprise de déconditionnement. Ma prise de conscience a commencé vers l'âge de 20 ans, elle n'en finit pas. Nos sociétés postindustrielles, néolibérales ont un discours si bien rodé, ont déployé un mythe si enivrant que nous envisageons le monde comme s'il avait toujours connu ce fonctionnement, comme si l'humain était voué à ne fréquenter la nature qu'à la marge, comme s'il était destiné à vivre au cœur de la technique, et loin de tout le reste. Dans *Soigner l'esprit, guérir la Terre*, Michel Maxime Egger reproduit une spirale représentant l'Histoire de l'espèce humaine, soit 240000 ans, à l'échelle d'une journée. Une heure représente 10000 ans et une minute 166 ans. Replacée sur cette échelle, la révolution industrielle s'est produite deux minutes avant minuit, et c'est dans les vingt dernières secondes que l'humanité a consommé plus de ressources et d'énergie que durant toute son histoire. Remettre notre histoire dans sa temporalité permet de prendre la mesure de l'extraordinaire aveuglement qui est le nôtre, du

* *C. G. Jung parle*, Buchet/Chastel.

solide conditionnement qui nous tient en laisse. Nous sommes bien plus que des *Homo œconomicus*, et cela fait moins d'un siècle (sur 2400) que nous nous sommes coupés radicalement de la nature pour mieux l'éventrer. On ne peut définitivement pas parler de progrès, étant donné les circonstances. La bonne nouvelle, c'est que l'homme archaïque est accessible, quelques jours dehors m'ont suffi à le réveiller, à m'offrir un souffle singulièrement régénérant. Edgar Morin parle d'homme « insulaire » pour désigner cette manie que nous avons de nous couper, nous humains, du monde non-humain. Accepter que le monde biologique, animal, fait partie de nous, comme nous faisons partie de lui, est libérateur, ni plus ni moins. Tout le contraire d'une régression.

Bien que je n'en aie guère envie, le sentiment de la nécessité me pousse à sortir de mon abri. La nécessité de faire amie-camarade avec la montagne certainement, de l'arpenter, d'y recréer un peu de confort, d'y favoriser l'harmonie. Je m'extirpe de mon sac de couchage, me contorsionne pour me changer à la hâte, avec une pensée admirative pour les explorateurs qui dorment dans des tentes sur la banquise. Comment se changer dans ces conditions, se laver ? Mystère. J'ai déjà fort à faire avec les températures timidement positives de ce petit matin. Je me lève. Ma triste intuition s'annonce juste. Il fait moche. Je ne sais pas où est passé l'été. Les nuages sombres et épais collent aux sommets. La brume lèche les versants. La journée de la veille était si estivale. Pas un coin de ciel bleu ce matin, et je serais bien en peine de dire où se lève le soleil. J'avoue que j'espérais sa chaleur ardente, sa gaieté rieuse. Sous ses rayons, la montagne, bonne pâte, était verte par ici. Privée de sa lumière, elle offre des dominantes marron, kaki au mieux, elle est sévère, pas là pour déconner. Moi non plus d'ailleurs, je dois faire un feu. J'ai soif. Mais je n'ai plus froid. Sur mes deux jambes légèrement courbatues, je me sens solide et capable d'encaisser la brume, et le gris. Je m'échine sur le tas de bois pendant près d'une heure. L'humidité rend l'entreprise bien moins aisée que la veille. Je ruse comme je peux, je taille des brindilles pour les séparer de leur écorce mouillée, je coupe de fines branches en deux. Lorsque enfin la flamme se maintient, j'éprouve une satisfaction majeure. Même si boire des orties est toujours aussi triste.

Tout à coup, je me redresse, raidie par un courant électrique qui monte le long de ma colonne vertébrale. Je tends l'oreille, comme un chien aux aguets. Je sens une présence humaine. Ça n'a rien de dramatique, mais c'est la réaction physiologique que cela entraîne chez moi. Ici, je suis une somme d'émotivité. Je ne bouge pas, peut-être même que je retiens mon souffle. La présence se confirme. Je distingue des filets de voix, des mots étouffés par l'espace. Les voilà. Un homme d'abord surgit de derrière un gros rocher, à une cinquantaine de mètres. Une femme derrière lui. Ils suivent le chemin de randonnée que j'ai moi-même emprunté la veille. Je voudrais disparaître. J'ai l'impression d'être en faute, avec mon tarp monté derrière moi. Je me tasse, mais suis incapable de détacher mon regard de mes congénères. Je ne sais pas pourquoi. Le monsieur lance un « casse-couilles ! » très sonore comme un éternuement libérateur et avec la conviction de n'avoir pas de témoin. Incapable de bouger et trouvant hypocrite de regarder ailleurs, me voici projetée dans une position de voyeuse. La femme réplique. Elle est moins synthétique, et se lance dans une tirade excédée dont le contenu m'échappe. L'homme accélère. Ils sont sportifs, vêtus de lycra, la femme lui emboîte le pas, sans fléchir. Ils me tournent le dos désormais. Leur dispute s'éloigne, monte vers les sommets. Un virage et ils ne sont plus.

Je décide de démonter mon tarp. L'incursion du couple en colère m'a fait prendre conscience que j'étais trop près du sentier. Je ne m'attends pas à croiser grand monde, mais je préfère tout de même tenir ma tanière à l'abri des regards. C'est avec un petit pincement au cœur que j'entreprends donc de retirer les sardines du sol. J'espère que je ne commets pas une erreur et que je serai capable de rebâtir ce refuge qui a si bien tenu le coup cette nuit.

Je laisse mon sac au pied d'un arbre, et pars me promener. C'est terrible, mais je comprends que je ne parviens pas à faire le deuil du sommet. Je tiens à mon panorama, à prendre de la hauteur, je recherche certainement le dépassement aussi. Me voilà partie en direction d'une cime. Le soleil ne devrait pas tarder à faire son apparition. Les nuages sont en train de céder. La chaleur les décolle des roches culminantes et ils commencent à se dissiper. Je distingue une sorte de petit chemin qui grimpe, à l'écart des balises de randonnée, puis disparaît. Je m'élance, la cuisse un peu douloureuse. Et j'emporte mon petit savon au cas où je trouverais un ruisseau.

Lorsque le sentier s'arrête, je poursuis, l'environnement me semblant exempt de tout danger. J'entends même l'amical ruisseau qui accueillera mes ablutions en chantant. Je marche sur une terre un peu orange, que je gravis obliquement. En contrebas s'étend la forêt que j'ai traversée la veille. Et un peu partout se répandent de hautes fougères, de la bruyère aussi. Le soleil est juste derrière la montagne, il monte, il inondera bientôt le versant. J'aimerais qu'il le fasse avant que j'atteigne le ruisseau. Mais m'y voici déjà. Alors, courageuse, je me lance sans lui. Il doit faire à peine 15 °C. Je n'en ai aucune idée en fait. Je sais qu'il ne fait plus froid, mais qu'il fait *très* frais. La peau frémissante, je me déshabille avec des gestes saccadés. Il s'agit d'aller vite. Je me sens extrêmement robuste, pas fragile pour deux sous tandis que je me savonne énergiquement et me frictionne à grandes brassées d'eau glaciale. Je laisse ensuite le vent me sécher à peu près, mais cela prend trop de temps et je grelotte. Alors je décide de sacrifier mon T-shirt pour essuyer les gouttes d'eau qui résistent, j'enfile mon pull, et poursuis ma route hasardeuse vers le ciel. Assez rapidement, j'établis que le sommet qui me paraissait si proche vu de mon campement est à des heures de marche, sans chemin balisé, et avec pentes glissantes et potentiellement mortelles, autant dire hors d'atteinte pour cette matinée sans prétention. Je continue donc d'avancer sans chercher à monter, conservant une trajectoire simple et droite pour retrouver mon chemin. Rien de bien sorcier. D'autant que je distingue le sillon de randonnée en contrebas. Je chemine donc le cœur léger, toute à ma contemplation, ravie d'avoir la montagne rien que pour moi, tandis qu'elle se déleste de ses nuages, que le soleil chatouille le sommet, se révélant enfin, me chauffant instantanément le visage et transfigurant la pente qui se pare de nouvelles couleurs, qui laisse éclater le vert de ses herbes piquantes, le mauve de ses bruyères, la brillance des courants d'eau qui glissent sur la roche. Une brise radoucie siffle entre les quelques arbres qui se sont aventurés jusqu'ici. Mais ils sont vides. Les oiseaux se taisent. À mon avis, ils ne sont pas. À l'exception de deux corneilles qui se disputent sur le versant d'en face et d'un prédateur qui tourne inlassablement dans le ciel. Je ne sais depuis combien de temps je marche, mais je décide de m'asseoir, heureuse de n'être occupée à rien d'autre qu'à exister. Cette quiétude inhabituelle vient du fait qu'en ces lieux reculés aucun stimulus désagréable ne m'affecte. L'humain qui a tant cherché à se distinguer du règne animal n'en demeure pas moins une créature qui, comme l'animal, est guidée par ses hormones. On ne s'arrache pas aisément à l'empire de l'ocytocine, de la sérotonine, de l'adrénaline, du cortisol. Les hormones décident de nos comportements, de nos attachements, provoquent notre motivation, nos paniques ou nos emportements. La vie en société induit un déferlement d'hormones. Ici, libérée de toute interaction, mon activité hormonale me semble plus douce. Je ne sais pas ce que sécrète mon cerveau à cet instant, mais c'est un cocktail tout à fait plaisant.

Finalement je rebrousse chemin. Sereine et reposée, je fais attention à ne pas glisser ou me tordre une cheville sur les mottes de terre mouillées que les récentes intempéries ont formées. Je commence à trouver le temps long au milieu de toutes ces mottes. Je lève les yeux et ne reconnais rien. Je suis désorientée. Rien de grave, je sais à peu près où je dois aller. Je vois le talweg et même la butte rocheuse au loin où j'ai établi le campement. J'avance mais me retrouve à un endroit où le versant tombe plus ou moins à pic, en tout cas avec un dénivelé qui ne me sied pas du tout. Légère montée de stress. Un peu de cortisol, j'imagine. C'est ridicule, la sortie est tout près, j'ai seulement dû descendre un peu trop. Je remonte. Mais le paysage ne m'évoque toujours rien. Pas un arbre, pas une pierre, un ruisseau ou un arbuste auquel raccrocher mes souvenirs. Tous ceux qui se présentent sur ma route me sont étrangers. La pente s'est raidie, ma progression se complique, j'ai de la bruyère jusqu'aux genoux. Un faux pas et c'est la dégringolade jusqu'en bas. Un roulé-boulé qui pourrait m'être fatal. Je commence à trouver la situation très désagréable. Plus désagréable que ridicule à présent. Je pourrais connaître une mort très conne ici. « Retrouvée morte, après une chute due à un trébuchement sur des racines de bruyère à 300 mètres à vol d'oiseau de son campement ». Ou pire, si je ne parviens pas à me tirer de là : « Retrouvée morte de froid, dans la bruyère, à 300 mètres à vol d'oiseau de son campement ». J'estime alors que c'est le moment de paniquer.

Je mets un soin infini à ne pas me prendre les pieds dans les racines. Ma bouche s'assèche. Je suis partie sans eau, bien entendu. La débile. Je m'en veux. Je m'insulte. Pauvre quiche qui part le nez au vent dans la montagne, en dehors des sentiers battus, pour aller voir le sommet, sans eau, sans rien. Abrutie. Je n'ai aucune commisération pour moi-même, j'ai envie de me mettre des claques. Tremblante, je regarde l'écran de mon portable. Pas de réseau. Je range mon téléphone, il ne m'est d'aucune utilité ici. C'est sur ce qui m'environne que je pose les yeux. J'attends une étincelle, une révélation, une idée, mais rien de tout ça ne se produit. Ce qui m'environne m'est toujours aussi étranger et toujours aussi indifférent, bien sûr. Je comprends, on aurait tort de s'intéresser à cette grande godiche égarée. Mon sens de l'orientation, si sûr, si fiable en ville, ne vaut plus un clou ici. Je n'ai pas fait attention aux arbres, aux fougères, aux bruyères, j'ai avancé en ligne droite, ne voyant en eux qu'agrément. Mais la droite a divergé. Je cherche le petit ruisseau dans lequel j'ai fait mes ablutions, c'est mon repère et mon but. Je vais bien finir par le croiser. Mais non et la pente se fait toujours plus hostile. Je monte un peu, redescends un peu, dessine un parcours erratique. Le souffle court, comme mes idées, je crie « Eh oh ! » (je n'assume pas « Au secours ! »). Ma voix porte comme celle d'un poussin dans le désert, elle est avalée par l'espace. Je ne peux même pas compter sur l'écho. Ce petit cri absurde est le marqueur d'une réalité implacable : je touche le fond. Alors je panique pour de bon.

Les symptômes d'une bien inopportune crise de spasmophilie commencent à se faire sentir. Mes mains s'engourdissent. Je connais. Si je n'endigue pas le phénomène fissa, mes mains seront bientôt des pinces rigides et les fourmis coloniseront mes jambes. Il me faut réunir toutes les ressources nécessaires à une concentration scrupuleuse pour éviter la chute. Je donnerais cher pour n'avoir pas à vivre ça, pour être secourue. Voilà ce que je me dis. Appuyer sur un bouton et voir débarquer les secours. Voilà ce que je désire. Mais ici, il n'y a pas de bouton qui vaille. Je ne peux pas, comme en ville, joindre les pompiers, un médecin, un serrurier ou un plombier pour gérer mes faiblesses, pallier mes incompétences. Je n'ai que moi-même. Je suis seule, et en « zone blanche ». Alors je me parle, je m'admoneste et me donne de sévères conseils. Il s'agit de ne pas tomber, il s'agit de bien regarder, de ne pas céder à la panique, il s'agit de contrer ses effets. Mes jambes sont raides, mais mes pas volontaires. J'ai le souffle court, je transpire. À trois cents mètres à vol d'oiseau… Cette pensée ne me quitte pas, mais ne parvient pas à me rassurer. Au contraire. Mon aventure est celle d'une énorme looseuse – Pierre Richard à la montagne – mais elle n'en demeure pas moins potentiellement très dangereuse. Enfin, j'obéis à mes injonctions, puisque je suis mon seul guide. Tant pis si la pente est raide. Puisque je ne retrouve pas mon chemin, mon unique objectif est de retrouver le bas. Je n'ai rien à faire ici. Ça n'est pas pour moi ici. C'est limpide. La haute montagne est en train de me régurgiter. Tremblante, je m'accroche aux bruyères, aux racines, le pied glisse, la cheville se tord parfois. Je jure, je tempête. Je me parle sans arrêt. Ne laisser aucune prise au silence. Du logos, du logos, du logos. Et des muscles. En crabe malhabile, je la parcours cette foutue pente. Subitement, les végétaux laissent place à un large pan de roche, le long duquel s'écoule de l'eau. L'eau de mon ruisseau, qui se planque plus haut certainement, le traître. Je n'envisage pas un instant de rebrousser chemin. Je réponds à une sorte de programmation qui ne souffre pas le découragement. Avancer, continuer. C'est tout. Mon petit cerveau n'envisage plus d'autres options. Alors je traverse l'eau qui coule, le pied mal assuré sur quelque aspérité rocheuse, je traverse. J'ai l'impression de m'agripper à un mur. En pareilles circonstances, je suis sujette à l'emphase. Mes sens me trompent. Le pan de roche franchi, je ne suis pas tirée d'affaire. Je dois prendre garde aux mottes de terre glissantes pour ne pas me fouler la cheville. Je me retrouve ensevelie jusqu'à la taille au milieu de fougères très en forme. Je m'acharne. Les cuisses en feu, je m'acharne. Je suis bientôt arrivée. Je vois le « bas ». Je suis en nage, à bout de souffle. Je suis sauvée.

Il me faut une bonne heure pour me remettre de mes émotions. Je m'étends sur le sol, au soleil.

Je trouve du réconfort sur cette terre molle et chaude, dans l'ombre de cet arbuste épineux, sous le ciel bleu et innocent. Plutôt que de repartir vadrouiller sur les chemins, je décide de rester dans le coin jusqu'à l'heure du départ, demain soir. La marche est une fuite. Le mouvement perpétuel nie la nature. Je resterai. Et je la rendrai amie. J'y ferai mon nid.

J'explore les alentours avec en tête les impératifs habituels : une grosse pierre pour faire le feu, et deux mètres carrés de plat relatif. Le plat de la nuit dernière ne faisait pas l'affaire. Je suis occise. Ma mésaventure m'a séchée, essorée. Je me suis tant contractée lors de ma pathétique descente que je me suis abîmé les cuisses. Elles sont raidies par des contractures, gorgées de toxines. Chaque pas est pénible. Je voudrais m'allonger, et faire l'huître. N'être plus rien d'autre qu'une huître dans la montagne. Mais il me faut trouver mon nouveau chez moi. Je me concentre intensément pour me constituer des repères afin de ne pas m'égarer à nouveau, même si je ne compte pas trop m'éloigner de mon ancien campement. Le sol est trop pentu. Trop pierreux ou pas assez. Je trouve enfin légèrement plus bas, juste avant que la pente devienne trop raide, un petit lopin qui réunit peu ou prou les critères essentiels, bien qu'il soit exposé au vent. Mais on ne peut pas être trop capricieux dans la nature et j'estime que cela ira fort bien. Enfin, j'espère. J'en suis un peu réduite à recourir à la pensée magique. Je remonte mon tarp sans trop de peine. Je choisis l'orientation de l'entrée de sorte à ne pas l'exposer au vent et n'omets pas cette fois de disposer la bâche de sol en premier. J'ai tant souffert du froid la nuit dernière que je me mets en quête de végétaux qui pourraient faire office de tapis de sol. Certaines pierres sont richement recouvertes de mousse. J'ai des scrupules à le faire, mais j'en arrache plusieurs mottes, de quoi isoler au moins mon dos et mes reins. Je descends légèrement pour trouver des fougères. Je n'en trouve pas tout de suite, mais déploie encore une fois des trésors d'attention pour être sûre de retrouver mon chemin. Je finis par trouver un beau « massif » de fougères. Avec mon couteau, j'en coupe quelques feuilles. De retour sous le tarp, je dispose le tout. Mon petit tapis est esthétiquement plus proche du tas de compost que du matelas, mais enfin, il devrait faire l'affaire. Je n'ai pas mangé ce matin, et mon affolement dans les hauteurs m'a certainement coûté beaucoup d'énergie. Mais je n'ai toujours pas faim. Il me faut boire en revanche. Et ma gourde est presque vide. Je me fais violence et grimpe jusqu'au ruisseau.

Près du campement, je m'installe sur une espèce de chaise longue providentielle, faite de pierre, de mousse, et qui épouse parfaitement mon corps alangui. Niveau de confort jamais atteint depuis une semaine avec vue imprenable sur la vallée.

Le ciel est bleu, les nuages translucides. Alors la montagne se fait douce. Elle a quitté sa robe marron du matin. Elle est maintenant un patchwork. Tout à fait allongée, la tête reposant sur la roche amie, je plisse les yeux pour détailler les pointes qui se détachent nettement sur le bleu du ciel. Là-haut, la montagne est ocre, tachetée de vert, elle a laissé les basses herbes ou la mousse s'installer. Un arbre ou deux, des sapins, ont réussi à s'enraciner et à défier les mois, les années, le vent et les orages. Ils se tiennent droits et chétifs sur le flanc massif. Plus bas, leurs frères se font plus nombreux, sont même rejoints par des arbres caducs, des bouleaux notamment. Ensemble ils piquent la roche, la rendent plus tendre au regard, elle en devient moins souveraine. Elle cède du terrain au vert, pour le laisser s'imposer vers 1200 mètres d'altitude où commence la forêt qui dévale et finit dans la vallée, tout en bas, ce sillon que j'aperçois par endroits. Ce sillon qui serpente entre les chaînes immenses et où convergent les feuilles, les aiguilles, la mousse, les cours d'eau, où détale la rivière. Ce paysage me subjugue, il est une expérience métaphysique.

« Un humanisme bien ordonné, affirme Claude Lévi-Strauss dans *Mythologiques 3 : L'origine des manières de tables*, ne commence pas par soi-même, mais place le monde avant la vie, la vie avant l'homme [...] » Cette approche holistique du monde est l'un des fondements d'une branche de la philosophie apparue dans les années 1950 : l'éthique environnementale. Il est essentiel que l'homme sorte de cette vision anthropocentrée et maladivement nombriliste du monde. Elle est en train de le tuer. Et ne le rend même pas heureux. Mais cela semble extrêmement difficile. Adopter une éthique environnementale est LE défi que l'humanité doit relever pour ne pas sombrer. Or ça coince, ça grince. Car l'éthique environnementale implique de se penser à l'échelle de la planète, d'embrasser l'invisible, l'inconnu, d'agir de sorte à protéger ce et ceux qu'on ne voit pas, ceux qui sont loin, ceux qui n'existent pas encore même (les générations futures). C'est l'écologiste américain Aldo Leopold qui formule explicitement la première éthique environnementale avec la notion de *Land Ethic*, dans *Almanach d'un comté des sables*, publié en 1949. Il la définit comme une extension de l'éthique de la communauté humaine à la communauté biotique, c'est-à-dire au sol, aux plantes, aux animaux, bref, à la Terre entière. Cette approche globale a ouvert la voie à un chantier qui lui est intrinsèquement lié : la justice environnementale, indissociable de la question des inégalités. Les plus défavorisés étant toujours les plus exposés à la pollution et aux conséquences du réchauffement climatique (montée des eaux, sécheresse...) alors même qu'ils en sont les moins responsables. Oxfam International rappelle que le nombre de personnes risquant de souffrir de la faim augmentera de 10 % à 20 % d'ici 2050 en raison du réchauffement climatique. L'éthique environnementale oblige donc à sortir de soi pour participer à l'élaboration d'un monde durable et plus harmonieux. Elle oblige à regarder plus loin que le bout de son nez. S'intéresser à l'écologie, c'est comprendre que tout est lié. Et que si nous avons gentiment préparé les conditions du pire, le meilleur est également possible, une société nettement plus soucieuse du bien commun en tout cas. Car défendre une éthique environnementale, c'est revoir entièrement notre système économique, nos modes de consommation, nos modes de pensée, notre rapport à l'autre. L'écologie n'est pas un problème isolé. C'est un enjeu total, qui implique une remise en question totale. Pour faire face aux extraordinaires périls qui nous menacent, pour endiguer le réchauffement climatique, nous allons devoir croire à une nouvelle fiction commune. Une fiction à laquelle nous puissions collectivement adhérer sans que cela se fasse au détriment de la nature, des animaux et des humains. Nos petites fictions actuelles, le culte de l'argent, la soif de consommation, le désir d'accumulation, brillent par leur inanité assassine lorsqu'on les considère, assise sur une chaise longue minérale, face aux montagnes. Les confronter à la vie sauvage, au tangible, à l'évidence des limites du monde physique, les réduit en cendres, car ce monde-là ne se raconte pas d'histoires, il existe seulement. Mais pour combien de temps encore ? Face à la vallée, l'ampleur de la tâche ne me paraît pas moins grande qu'entre les quatre murs de ma chambre. La tâche est aussi immense que vitale. Cela me donne souvent le vertige. Mais à cet instant, je me sens si bien au creux du monde sauvage que je m'endors.

*

C'est le froid qui me réveille. Je frissonne et j'ai la déplaisante surprise en ouvrant les yeux de découvrir que les nuages, charriés par un vent mauvais, sont revenus en masse, bientôt rejoints par une brume épaisse qui longe les versants. Je suis cernée par l'humidité. Et la montagne a encore changé de visage. Sombre et austère à nouveau, sous la chape, elle n'augure rien de bon. J'ignore l'heure qu'il est mais je crains que la situation météorologique ne s'améliore pas d'ici la nuit et s'il y a une chose dont j'ai peur en montagne, c'est bien l'orage, nocturne de surcroît. Celui qui m'a accueilli il y a quarante-huit heures était très éloquent. Et encore, j'étais en plaine. L'idée qu'en ces hauteurs des éclairs déchirent le ciel me terrorise. Des gouttes éparses se mettent à tomber. Je rassemble mes quelques affaires sous le tarp, attrape au passage des bâtons de bois pour un feu à venir et me mets à l'abri. Le bruit des lourdes gouttes sur la bâche se mêle au véritable brouhaha que produisent de concert le vent et la petite rivière. Assise en tailleur, je regarde tomber la pluie. On regarde rarement tomber la pluie. Quand elle se manifeste, on s'abrite, on lui tourne le dos, on se met au chaud et on passe à autre chose. Dans la nature, on ne peut pas passer à autre chose. On est à la merci des aléas climatiques. Peut-être est-ce à la faveur de l'un d'eux que j'ai enfin réussi à effleurer mon sentiment d'appartenance à un Tout. En regardant tomber cette eau à laquelle je ne pouvais pas me soustraire, en admettant que je ne pouvais rien à cette situation, que la sagesse consistait seulement à l'accepter, oui, je crois avoir fait l'expérience de l'appartenance. Vivre dans la nature est une leçon pratique de stoïcisme. Les délires de toute-puissance auxquels on veut croire n'ont ici plus leur place, perdent toute crédibilité. Ainsi faut-il apprendre à composer avec le réel sans chercher à l'infléchir, ce qui se révélerait tout à fait vain : on n'arrête pas la pluie ou le vent, on ne rétrécit pas l'immensité. Et si on ne sait pas construire pour trois jours un abri digne de ce nom, alors on se retranche sous une bâche et on regarde tomber la pluie. Inutile de trépigner, de vociférer. Les caprices d'enfants gâtés, gavés de confort, sont ici sans effet. Et cette pluie que je redoute, que je n'imaginais pas devoir subir, je l'accueille avec flegme, puisque c'est la seule chose à faire, même si mon flegme est soumis à rude épreuve lorsque l'ondée redouble d'intensité, martelant ma pauvre bâche. L'espèce de tente que forme le tarp est extrêmement exiguë. Je tiens à peine assise et crains d'ébranler le bel édifice par un mouvement malvenu. Je me recroqueville donc par terre, sur le flanc, fatiguée d'avoir le dos courbé et la tête basse. Je fais de mon sac à dos une espèce d'oreiller et regarde le monde à l'horizontale. Le ciel est désormais partout chargé d'épais nuages gris et d'une belle dose d'électricité. J'ignore combien de temps je passe à regarder la pluie tomber, dans une espèce de transe très molle, les yeux écarquillés et plaisamment perdus dans le vague. Je sors de ma torpeur lorsque la pluie cesse. Le ciel est toujours menaçant. Pendant le répit certainement bref que me laisse la pluie, je me hâte de lancer un feu parce que la faim est bel et bien là et que « pas de feu, pas de calories ». Je pourrais toujours me rabattre sur quelques feuilles d'orties crues, mais la perspective ne m'affole pas. Je tiens à mes petites cuillerées de riz chaud. Malheureusement, à peine ai-je assemblé mon tas de bois que la pluie reprend de plus belle. Jamais je ne me suis autant intéressée aux fluctuations des ondées. Je renonce à mon projet gastronomique. Faire bouillir l'eau puis cuire le riz prend trop de temps. Je me rabats sur la fabrication de pain avec le peu de farine qu'il me reste. Je verse un peu d'eau dans le sac qui la renferme, le malaxe, obtient une pâte pas mal du tout. Les choses dégénèrent lorsque je pose mes espèces de petits pancakes sur les braises. Encore enflammées en vérité, elles fusionnent avec la pâte. Je ne me démonte pas, retourne les galettes, avec leurs gros morceaux de braises qui prennent des airs de chocolat dans des cookies et n'en sont tellement pas. La pluie devient vraiment vigoureuse, tombe dru. Je me brûle en attrapant le fruit de mes efforts et me jette sous le tarp. Mon manteau a eu le temps d'être trempé. C'est un véritable rideau de pluie qui désormais me sépare du reste du monde. Je crois entendre l'orage qui gronde au loin. J'espère me tromper mais le bruit se répète. L'orage est bien là, dans les parages. Stoïque, restons stoïque. Faisant fi de la petite tachycardie qui m'agite, je fouille dans le guide de randonnée afin d'y trouver des conseils pour de pareilles circonstances. J'en trouve. Ils tiennent en trois lignes : on me recommande de m'éloigner de tout objet métallique et de me tenir à genoux sur une surface aussi plane que possible. On me recommande de prier sous la pluie, en gros… La bâche du sol commence à être trempée sur les bords, la pluie s'invite dans le tarp. Je crains de surcroît qu'un ruisseau ne se forme si l'averse se poursuit car, malgré mes recherches, je n'ai pas trouvé de terrain suffisamment plat. Un premier éclair. Je sursaute. Mon cœur manque un battement. Quelque chose me dit que cette dernière nuit d'immersion va être longue et l'immersion un peu trop immersive. Je voudrais que la pluie cesse, que la nuit tombe, que le jour se lève. Mais les éléments se foutent bien de mes desiderata. Je m'allonge, essaie de dormir. Je n'y parviens pas, obsédée par le décompte des secondes qui passent entre chaque nouvel éclair et chaque coup de tonnerre. Il est 16 heures et les nuages imitent la nuit. Du coin de l'œil, j'en surveille un qui, en expansion, se dirige vers moi et va finir par m'absorber. Le phénomène est impressionnant. Subjuguée par le spectacle, je ne le lâche pas des yeux, le regarde grossir, se répandre et avancer, illuminé de temps en temps par un éclair.

On ne distingue déjà plus la vallée. Bientôt, ce sont mes pieds que je ne distinguerai plus si j'en juge par le degré d'opacité de ce qui arrive sur moi. Fascinée, j'assiste à la fatalité.

Les arbres qui se dressaient à quelques mètres sont noyés dans un halo blanc, bientôt ils ne sont plus. Ça y est, j'ai la tête dans le nuage. Partout autour, du blanc. Même les éclairs ne peuvent rien contre ce blanc. Ils le font clignoter seulement. En montagne, l'impression d'être pris au piège est récurrente et jamais tout à fait la même, elle sait se montrer créative. En l'occurrence, je suis prise au piège de l'opacité et de l'orage. Le phénomène n'a plus rien de fascinant. Arrivé à son terme, il est juste angoissant. Ce blanc laiteux qui a envahi l'espace provoque chez moi une véritable claustrophobie. L'immensité est abolie. Elle s'est fait happer, elle s'est déguisée en néant. J'ai des envies de fuite mais je sais bien que je ne pourrais aller bien loin dans cette purée de pois. Je veux partir, je reste. Des heures. J'attends que la pluie cesse, que l'orage se taise, chaque grondement, aussi lointain soit-il, me donne des sueurs froides. Quand il s'approche un peu trop, disons à moins de dix secondes, je m'imagine ruisselante, à genoux en train de prier pour être épargnée par la foudre. Le temps s'écoule lentement sous l'orage. J'attrape mon portable pour voir l'heure et si un miracle m'a redonné du réseau. L'écran reste noir. Je n'ai plus de batterie. Je sais bien que je ne captais pas de toute façon, mais cet écran noir me cause une certaine émotion. Bientôt, le blanc se fait moins franc, je perçois que le jour décline. Toutes les cinq minutes, l'épaisse brume grésille d'électricité, se teinte une seconde ou deux d'un foudroyant violet. Et le ciel rugit au loin, bête invisible, lointaine mais mouvante, terriblement inquiétante. Je suis bonne pour passer une nuit dehors sous l'orage à plus de 1 500 mètres, soit l'un des trucs les plus terrifiants que ce séjour pouvait me réserver. Il y a des ours dans les Pyrénées. Mais d'après mes recherches, à peine quarante. En croiser un ne figurait pas parmi mes plus grandes craintes. L'orage en montagne, en revanche, trônait en bonne place. Engluée dans mon gros nuage, je frémis à chaque coup de tonnerre et n'en reviens pas d'être dans cette situation. Impossible d'échapper à mon sort, impossible de m'étourdir dans le mouvement. Cela m'est interdit de la plus implacable façon. Je passe donc une éternité immobile dans le coton. Je crains que le tarp ne passe pas la nuit debout. Les gouttes s'abattent sur lui comme des clous. Par chance, il y a peu de vent. L'abri ne m'en semble pas moins fragile. Et l'eau s'est frayé un chemin jusqu'à moi. Mon sac est mouillé.

La nuit tombe dans le coton, et avec elle le froid, inexorable, malgré l'ambiance électrique. Je me réfugierais bien dans le sommeil, mais les va-et-vient de l'orage me tiennent éveillée. Je compte, inlassablement je compte, espérant de toutes mes forces que les secondes défilent entre chaque coup de tonnerre. Il ne s'écoule jamais moins de sept secondes entre l'éclair et le tonnerre. Le son circule à 300 m/s. L'orage est donc au pire à deux kilomètres de moi. Mais chacune de ses quintes cavale à une vitesse diabolique. Je compte vingt-trois secondes entre deux détonations, puis douze seulement jusqu'à la troisième. Je ne suis pas tirée d'affaire. L'orage pourrait bien pousser sa petite promenade jusqu'au-dessus de ma tête. Et quand j'entends l'intensité de ses grognements à deux kilomètres, je n'ose imaginer la violence de ceux-ci s'ils venaient à rôder par ici. Je suis transie de froid. Dormir dans un nuage est peu confortable. La nuit avance tout doucement. Je suis épuisée, j'ai mal à peu près partout, et je compte toujours. Je pense à mon compagnon et à notre fille. Ils me manquent. Je me sens coupable d'être là. Mon compagnon m'encourage toujours dans mes entreprises, mais je sais qu'il a serré les dents en me laissant partir dans la nature, avec un type que je ne connaissais pas. Il ne se doute pas que je suis seule désormais. Il serait très inquiet si c'était le cas. J'ai l'impression d'être en faute, que mon pas de côté m'emmène trop loin. Je sors mon sac de couchage, à la recherche d'un peu de réconfort. Larve recroquevillée, la tête posée sur mon sac, mon regard se perd dans le vague. N'existe plus que le vague de toute façon, le vague ouaté. Des souffles de pluie m'atteignent par intermittence au visage. Je les laisse faire.

L'orage m'a épargnée. Je compte jusqu'à vingt, trente, et rien ne se passe. À quarante secondes, je considère qu'il ne s'approchera plus, et m'autorise enfin à plonger, tremblotante, dans un sommeil que le froid perturbe. On ne dort pas bien dans un hammam à 2 °C. On y dort même fort mal. Mon sac de couchage est un rempart poreux, insignifiant au milieu de la nuit noire et sur un sol gelé, pentu et accidenté. Dehors, le monde est pure obscurité mais je crois distinguer encore le coton. Et si ce nuage ne se dissipait pas ? Une nuit sous la pluie vous réconcilie avec la civilisation. Pour la première fois, mon lit me manque, les murs et le toit aussi.

Le lendemain matin, j'éprouve un vif soulagement en découvrant que le nuage s'est enfin retiré. Je vais pouvoir redescendre. Mais la journée s'annonce peu propice au farniente. Tout est trempé. La terre, les arbres, les pierres. Je ne sais pas où m'asseoir hors du tarp. Je reste debout, embrasse du regard chacun des sommets environnants. Tous sont encore auréolés de lourds nuages. Pourtant, je pressens que le soleil n'est pas si loin et qu'il saura les faire fondre. Je crois que je progresse en météo. Cependant, je me révèle très mauvaise en feu en milieu humide. Impossible d'obtenir la moindre flamme. Je ruse, je taille les morceaux de bois, les coupe pour atteindre la partie la plus sèche, mais rien n'y fait. Tout comme moi, ils sont trempés. Pourtant j'ai faim ce matin. Et soif. Je n'ai plus d'eau bouillie. Je vais cueillir des orties auxquelles j'ôte leur pouvoir urticant en les broyant avec une pierre sur la roche. Je mâche sans entrain cette salade. Il me reste un fond d'eau dans la gourde. Je la bois sans la faire bouillir. Ce soir, je serai de retour parmi les humains alors je reprends mes mauvaises habitudes. Je compte sur les compétences d'autrui, disons un médecin, si par malheur cette eau me rendait malade. Pas trop le choix en même temps, il faut que je boive. Lessivée par ma nuit, j'aimerais reprendre ma place sur ma petite chaise longue délicieuse, mais l'orage l'a lessivée elle aussi. Même la bâche sur laquelle j'ai dormi est trempée. Je suis bonne pour passer la journée debout. Je pars me promener, en suivant scrupuleusement le chemin balisé. Il est glissant. Les ruisseaux ont gagné en vigueur et dévalent les versants, impatients. Je grimpe lentement. Je me suis vraiment vraqué les cuisses. Chaque pas m'arrache un grognement, puis l'effort m'anesthésie. Je remonte jusqu'au barrage, le traverse. Juchée sur l'œuvre de l'humain, je suis minuscule au milieu du cirque. Aujourd'hui l'étang turquoise a viré au gris. Les moutons sont partis. Les oiseaux continuent de briller par leur absence, et le vent est tombé. La montagne, sombre et gorgée d'eau, me rend mélancolique. J'ai autant hâte de retrouver ma famille et le confort que de regret à quitter l'altitude. L'idée de prolonger l'aventure est séduisante, mais cela demanderait une énergie que je doute avoir. Il me faut reprendre des forces. Je ne sais pas me nourrir convenablement ici. La montagne va me manquer. Elle a été ma maison, après tout. Vivre en son sein, sans « guide », a été une expérience intime et heureuse. La solitude amplifie les sentiments que la Nature suscite chez l'humain, le cadre montagneux aussi certainement. Ces derniers moments vécus dehors me laissent pantelante, et pas seulement parce que je suis dénutrie. Ils me laissent pantelante parce que c'est sublime d'être ici. Littéralement. Et parce que, ici, j'ai éprouvé enfin ce dont parle Spinoza dans sa préface de l'*Éthique*. Il récuse l'idée de certains qui voudraient que l'Homme dans la Nature soit « comme un empire dans un empire » et affirme au contraire que « montagne, loups, humains, nous ne sommes jamais que des modes de la substance unique et infinie, des fragments de tout ce qui est ». Je me suis sentie fragment. Je me sens tout à fait fragment, là, maintenant, au creux de la montagne détrempée.

De l'autre côté du barrage, je me retrouve sur le versant que j'ai regardé pendant des heures, depuis mon petit abri. J'en ai détaillé chaque arbre, chaque parcelle de terre, de mousse ou de roche. Je prends à droite, pour contempler mon tarp depuis cet angle-là. Je marche près d'une heure en alternant les regards vers le sol pour prévenir la chute et ceux vers le versant d'en face pour tâcher de repérer mon tarp. Je l'ai laissé en place, dans le gros gris, cela m'a paru plus que raisonnable. Il me semble que le soleil se lève mais je ne veux pas risquer d'être à la merci de la pluie. Je me trouve déjà suffisamment humide. Je me demande si je n'ai pas échoué à trouver mon tarp, s'il n'est pas derrière maintenant. Je me sens toujours aussi mauvaise pour évaluer les distances. Et les durées… Je poursuis mon chemin. Il est très mal balisé. À vrai dire, je ne trouve aucune balise. À l'aller, je n'ai vu presque aucune de ces traces de peinture sur les pierres, mais le sentier laissait assez peu de doute. Ici, il est moins net. J'envisage de faire demi-tour. Il est absolument hors de question de revivre le cauchemar de la veille. Cette fois, j'ai été beaucoup plus attentive à la végétation. J'ai noté mentalement la présence de signes particuliers. La montagne en manque un peu, elle est au premier regard une somme de minéralité et de vert assez homogène. Mais j'ai tout de même remarqué l'emplacement d'un sapin plus gros que les autres et d'un bouleau un peu plus haut. Je me retourne pour vérifier. Oui, mes repères sont fiables et, malgré tout, je suis bien sur un chemin balisé. Mon petit livret me l'a indiqué. Le soleil prépare son entrée. Je le sens. Les nuages sont encore rois au-dessus de ma tête, mais ils perdent de leur opacité. Ils se laissent dissoudre. Le brouillard au milieu duquel je me suis réveillée a vite pris de la hauteur, et n'est déjà plus. Bientôt, des trouées dévoilent des cimes dorées par les rayons. Le ciel bleu se laisse deviner derrière la vapeur. Il crée un discret contraste, fait joyeusement la guerre au gris. Je m'assieds sur un rocher. Je me suis enfin réchauffée. Je m'assieds pour regarder la brume collante, la plus résistante, celle qui s'accroche à la montagne, et je la vois céder enfin, disparaître. Le processus prend du temps. Pendant près d'une heure, la brume forme au sommet des montagnes une fragile dentelle jusqu'à ce que la lumière qui l'envahit progressivement dessine à son tour une dentelure sur les crêtes : une montagne dans la montagne. La vive clarté contre l'austère humidité. Je juge prudent de reprendre le chemin vers mon campement.

Le ciel est presque entièrement dégagé. Je prends donc la décision de démonter mon tarp. Je laisse seulement la bâche de sol pour avoir un endroit à peu près sec où m'asseoir. Des nuages opiniâtres font magnifiquement obstruction aux rayons du soleil. Ils les freinent, les filtrent, puis se laissent transpercer pour lâcher sur la montagne une retentissante pluie de lumière.

Je tâche d'engloutir une dernière fois ce paysage prodigieux, d'absorber, gageure, l'immensité, d'en garder une trace. Je sais déjà que je repenserai souvent à la montagne, immobile, gigantesque et permanente. La simple idée qu'elle existe saura me rassurer. Dans *La*

Part sauvage du monde, Virginie Maris défend la préservation d'une nature intouchée, peu ou pas fréquentée par l'humain, affirmant que nous devons reconnaître et respecter son altérité. Autrement dit, refouler un peu nos instincts conquérants. Parce que cette nature sauvage est « l'autre face de notre humanité ». Ces quelques jours m'en ont largement convaincue. Faire disparaître le monde sauvage est la négation de notre humanité, car il fait partie de nous. Poursuivre dans cette voie sonnera la fin de l'espèce humaine. Nous avons tendance à entretenir un rapport utilitariste à la nature, c'est plus fort que nous, on pense « services », on pense « profits ». En 2005 ont été publiés les résultats d'une grande étude commanditée par l'ONU : « Évaluations des écosystèmes pour le millénaire ». Virginie Maris souligne que ces écosystèmes ne sont décrits que relativement aux services écosystémiques qu'ils fournissent à l'humanité. Il semble absolument vital pourtant de laisser une part de la nature être pour ce qu'elle est, de ne pas chercher à la dresser ou à la gérer de loin, dans le meilleur des cas, en technocrates. On gagnerait beaucoup à apprendre à défendre la nature comme une valeur en soi, plus que comme une valeur qui peut nous apporter quelque chose. Cette approche utilitariste de la nature était aussi la mienne avant que je m'immerge. Un héritage supplémentaire que je n'avais pas encore pris la peine de remettre en question. Nous devons tout bousculer et redéfinir notre rapport au monde vivant pour nous sauver ET pour le sauver, en tant que tel.

Je suis partie, lyrique et prête à une révolution intérieure. Je ne sais pas si la révolution a eu lieu. L'expérience a confirmé mes intuitions, affirmé mes convictions. Il nous faut reprendre un peu le contrôle sur nos vies, à titre individuel et collectif. L'humain doit redevenir un acteur, ne plus se satisfaire d'être un simple utilisateur. En retrouvant cette prise sur le monde, nous mettrions un terme au marasme auquel la société de consommation nous a conduits. Faire pousser, produire de l'énergie, réparer, ralentir, contempler, comprendre, voilà ce qui fera tomber en désuétude le système économique suicidaire qui gouverne nos existences, qui pénètre ce qu'elles ont de plus intime.

Revoir notre rapport à la nature, c'est revoir notre rapport au monde, aux autres, à la consommation. C'est une issue, une renaissance et une libération. S'immerger dans la vie sauvage, c'est ressentir cela, intimement. Je sais que je retournerai souvent sur ces hauteurs, que je dormirai dehors à nouveau.

En attendant, je dois passer la nuit prochaine dans un train qui partira à 20 heures de Tarascon. J'ignore depuis combien de temps je divague sur ma bâche, comme un petit yogi. Je la plie, range mes affaires. Cela prend fort peu de temps. J'ai été horrifiée par le chantier infernal qu'a constitué mon récent déménagement. Moi qui pense mener et revendique une existence sobre, je trouvais que tous ces cartons manquaient cruellement de sobriété. Je nous trouvais lourds, à trois, avec nos kilos de choses. Nous manquions d'agilité, nous étions lestés. Là, hop, deux minutes, et le camp est plié. Ça n'est pas une vie, mais c'est plaisant. Il faudrait trouver un entre-deux. Mon sac est trempé cependant. Mes vêtements humides. Il est vraiment temps de descendre car je dois retrouver le chauffeur à 18 h 30 et je ne sais pas combien de temps cela me prendra. Je fais une halte pour quelques ablutions puis reprends ma route vers le bas. J'atteins la forêt. C'est la fin de la roche impériale, des cirques et des cimes. Et le début de la profusion, des feuilles, de la terre et des aiguilles. J'espère que l'orage aura chassé les bovins. Je suis un peu diminuée physiquement et je n'ai aucune envie de jouer les valeureuses bergères. Le chemin est très glissant, j'avance comme une vieille dame. Je suis très faible. Je n'ai pas ingurgité assez de calories ces derniers jours. Je sens les premiers effets de l'hypoglycémie et d'une défaillance plus profonde peut-être. Je puise dans mes dernières ressources et redouble d'attention pour ne pas chuter. Croyant entendre des cloches au loin, je suspends tout mouvement. Tends l'oreille. Non, je les invente. Je reprends ma marche d'escargot, tout en respirant à pleins poumons les belles odeurs de forêt mouillée sous le soleil. À nouveau, des cloches. Pourvu que les vaches ne se trouvent pas en travers de mon chemin. Si. Elles le sont. Et les veaux toujours aussi fragiles, et leurs papas toujours aussi colossaux. Je m'arrête à bonne distance pour évaluer la situation. Ils sont disséminés, ils sont partout. C'est foutu, je vais à nouveau devoir passer au milieu du troupeau. Ça serait bête d'avoir survécu à cette aventure et de mourir écrabouillée sur le chemin du retour. Sur ma droite, en contrebas, un veau s'approche de sa mère, qui se met à lui donner d'affectueux petits coups de tête. Le veau les lui rend et ils se câlinent ainsi, de longues minutes. La vache est immense, large, blanche, et si délicate. Lui est tout petit. Il porte encore un duvet brun et bouclé de bébé. Elle lèche la tête du petit, le caresse du museau, tandis qu'il ferme les yeux, savoure sa maman. Cette scène est si belle qu'elle anesthésie ma peur. J'avance lentement, passe près d'eux. Je vois la tendresse incarnée. Je vois l'amour, n'ayons pas peur des mots. Je ne m'attarde pas. Tête baissée, j'avance, avec au cœur le voile réconfortant de l'extraordinaire douceur dont j'ai été témoin. Je passe sans encombre, sans bâton. Je poursuis mon chemin, seule au milieu des arbres qui gouttent et du bruit de l'eau qui partout résonne. Le ciel n'apparaît plus que par touches entre les feuilles ou les aiguilles, losanges disséminés çà et là d'un bleu que je sens déjà déclinant. C'est très perturbant de ne pas avoir l'heure. L'ombre qui s'abat sur certains versants dès le milieu d'après-midi fausse les perceptions de surcroît. Dans le doute, je presse le pas. Je manque glisser sur la terre mouillée. Tout compte fait, il est plus prudent de reprendre mon allure de vieille dame. J'ai senti une présence. Je me retourne et la cherche des yeux. Je la localise rapidement. Je ne vois d'abord que des oreilles et le haut d'une petite tête rousse. Des fougères dissimulent le reste. Un renard. Il fait un pas, grimpe probablement sur une pierre, de sorte que je vois sa bouille. Il ne bouge plus d'un cil. Il me toise à une vingtaine de mètres de là. Je ne fais plus un mouvement. J'aimerais que ce moment dure, éviter de le faire fuir. mais quelque chose d'autre m'immobilise. J'ai l'impression que nous nous regardons droit dans les yeux, avec une curiosité amicale. L'instant se fige. Et le renard ne bouge toujours pas. Je me demande si ce que j'ai pris pour un moment de communion n'est pas en fait une banale bataille de regards. Quoi qu'il en soit, je dois malheureusement m'arracher au sien, trop inquiète de rater mon rendez-vous avec le chauffeur de taxi. Je manque de tomber à la renverse, déséquilibrée par le poids de mon sac. Il est vraiment temps de prendre un vrai repas.

Une voix grésillante me tire d'un sommeil lourd. « Il est 6 h 39 et nous sommes arrivés en gare d'Austerlitz, notre terminus. » La SNCF me souhaite une bonne journée. J'ai dormi du départ à l'arrivée du train. Ni l'annonce des gares desservies, ni les ronflements de mes voisins n'ont réussi à troubler mon sommeil. Ahurie, je sors de la gare et me retrouve sur le pont qui la relie à la gare de Lyon. Le soleil est levé et a versé un sang doux dans le ciel. Les nuages qui s'en nourrissent gagnent un relief rosé. Sur les quais, les voitures vrombissent déjà en nombre au pied des immeubles de bureaux, malgré l'été et l'heure matinale. Des arbres dodus les bordent. Je marche sur le pont, sourire aux lèvres. Je suis dans un état second, comme vierge de la ville. Je me suis endormie au milieu des Pyrénées. Le store n'était pas baissé et mes derniers regards, alors que j'étais allongée sur ma couchette, ont été pour les montagnes qui défilaient, tandis que le train accélérait. J'ai fermé mes yeux sur elles, sur leurs versants bruns et verts, avec l'impression de les connaître un peu. Je me suis réveillée dans le XIIIe arrondissement de Paris, en face d'un quartier d'affaires. Cette absence de transition est étourdissante. Mais je la trouve belle, ma ville, dans l'aurore. Je contemple la Seine scintillante, le pont métallique du métro aérien et les voyageurs pressés. Derrière, les façades des vieux immeubles, au loin, les tours de Notre-Dame. Les humains marchent vite sur les larges trottoirs du pont Charles-de-Gaulle, ils me dépassent, me croisent sans me voir. Moi non plus d'habitude, je ne les vois pas. Et bientôt sans doute je ne les verrai plus non plus. Mais ce matin, je suis décalée, et je les regarde regarder leur téléphone, ou leurs pieds, ou le vague, des écouteurs dans les oreilles, l'air préoccupé.

Le métro, les bus, les voitures grondent. Je suis au bout du pont et dois emprunter un souterrain qui sent l'urine pour rejoindre la ligne 14. La saturation des sens reprend. Le temps presse, la catastrophe a déjà commencé, nous allons payer cher nos fourvoiements, notre négation du monde naturel. Nous allons devoir pulvériser nos barrières mentales. S'immerger dans la nature les rend plus évidentes, plus grotesques encore qu'elles ne m'apparaissaient avant. Elles ne font pas le poids face à l'immensité, la beauté, la vigueur du vivant. Nous sommes à la croisée des chemins. Nous allons connaître la fin d'une civilisation et le début d'une autre. Nous allons devoir réapprendre à être au monde. C'est une lutte exaltante. Je suis calme, je pense aux montagnes, à l'autre bout des rails.

REMERCIEMENTS

Un immense merci à Cécile et Émilie pour leur écoute, leurs conseils et leurs précieux encouragements.

Merci aussi à Douglas, qui toujours me lit attentivement.

Merci à Manuel évidemment, pour tout.

Merci enfin à mes éditeurs, Guillaume Allary et Nicole Lattès pour leur confiance, leur enthousiasme et pour leur saine exigence !

SOURCES

LIVRES

CRAWFORD, Matthew B., *Contact. Pourquoi nous avons perdu le monde, et comment le retrouver*, La Découverte

EGGER, Michel Maxime, *Soigner l'esprit, guérir la Terre*, Labor et Fides

HARARI, Yuval Noah, *Sapiens*, Albin Michel

ILLICH, Ivan, *La Convivialité*, Points Essais

JUNG, C. G., *Problèmes de l'âme moderne*, Buchet/Chastel

JUNG, C. G., *C. G. Jung parle*, Buchet/Chastel

LEOPOLD, Aldo, *Almanach d'un comté des sables*, Flammarion

LEVI-STRAUSS, Claude, *Mythologiques 3 : L'origine des manières de table*, Plon

MARIS, Virginie, *La Part sauvage du monde*, Seuil

SERVIGNE, Pablo, Stevens, Raphaël, *Comment tout peut s'effondrer*, Seuil

SPINOZA, Baruch, *L'Éthique*, Gallimard, « Folio Essais »

FILMS

Prêt à jeter, documentaire de Cosima Dannoritzer

L'Adieu au steak, documentaire de Jutta Pinzler

Solutions locales pour un désordre global, documentaire de Coline Serreau

SUR INTERNET

Site de Jean-Marc Jancovici : https://jancovici.com/

Low-Tech Magazine : https://www.lowtechmagazine.com/

ARTICLE

Hartmut Rosa, « Accélération et dépression. Réflexions sur le rapport au temps de notre époque », *Rhizome*, n° 43, 2012.

Ouvrage composé par
PCA 44400 Rezé

POCKET – 92, avenue de France – 75013 Paris

Imprimé en France par EPAC Technologies
N° d'impression : 4550414335920
Dépôt légal : avril 2020